앞서 나가는
10대를 위한
산업디자인

앞서 나가는 10대를 위한 산업디자인

지은이 • 카를라 무니   **그린이** • 톰 카스테일   **옮긴이** • 이다윤

일러두기

>> 장별로 본문 시작 전 왼쪽 면에 🔍 중요 단어와 인물 이 나온다. 산업디자인은 물론 내용 이해에 꼭 필요한 단어들과 산업디자인 발전에 크게 기여한 과학자 및 디자이너들을 함께 소개한다.

>> 🔍 중요 단어와 인물 은 수록 순서대로 소개되며, 각 단어의 앞에는 해당 단어의 **쪽수**가 있다.

>> 🔍 중요 단어와 인물 은 본문에 고딕으로 강조돼 있다. 중요 단어의 위치가 본문이 아닐 경우에도 글씨 색깔을 달리한다거나 굵게 표시함으로써 구별했다.

>> 각 장의 첫머리마다 산업디자인 개념 이해를 도와주는 🌱 생각을 키우자! 가 있다. 🌱 생각을 키우자! 를 꼭 곰곰이 생각하며 읽어라. 🌱 생각을 키우자! 는 각 장을 모두 읽고 난 뒤에 또다시 등장한다. 한 장을 다 읽었다면 디자이너 공책에 🌱 생각을 키우자! 관련 내 생각을 기록해 보자. 공책 관련 내용은 19쪽을 참고하라.

>> 모든 장의 끄트머리에는 다양한 실험으로 이론을 직접 체험해 볼 수 있는 **탐구 활동** 이 있다.

>> '산업디자인' 단어는 붙여쓰기로 통일했다.

차례

책에 인용된 자료의 출처가 궁금하다면?

아래의 돋보기 아이콘을 찾아라. 스마트폰이나 태블릿 앱으로 QR 코드를 스캔해서 자세한 내용을 확인할 수 있다! 사진 또한 어떤 일이 일어난 순간의 모습을 포착해주기 때문에 중요한 자료가 될 수 있다.

 QR 코드가 동작하지 않는다면 '자료 출처' 페이지의 URL 목록을 참고하라. 아니면 QR 코드 아래 키워드를 직접 검색해 도움이 될 만한 다른 자료를 찾아보라. 타임북스 포스트 '앞서 나가는 10대를 위한 산업디자인'에서도 모든 자료를 확인할 수 있다.

🔍 타임북스 포스터

1440년 독일의 기술자 요하네스 구텐베르크가 발명한 인쇄기 등장. 이후 디자이너들은 구텐베르크 인쇄기를 이용하여 패턴 북을 만듦.

1700~ 1900년경 산업 혁명으로 인해 새로운 사상, 공장, 제조 방법이 도시를 중심으로 퍼져 나가기 시작.

> * 산업 혁명은 1700년대 후반부터 약 100년 동안 유럽에서 일어난 생산기술과 그에 따른 사회 조직의 큰 변화. 이 시기에 기계를 이용해 생산하는 커다란 공장 등장.

1851년 아이작 메리트 싱어가 기존 재봉틀과 다른 혁신적인 재봉틀을 선보임.

1859년 미하엘 토넛이 대량 생산을 목적으로 클래식 카페 의자, No.14를 디자인함.

1863년 제임스 플림프턴이 스케이트를 디자인함. 오늘날 우리가 흔히 알고 있는 신발처럼 신을 수 있는 롤러스케이트의 모습.

1907년 독일 전자 제품 회사 AEG가 디자인 혁신을 위해 건축가 페터 베렌스를 고용함.

1909년 제너럴 일렉트릭GE이 토스터를 선보임.

1916년 코카콜라가 코코아콩 꼬투리에서 영감을 얻어 제품의 유리병을 디자인함.

1919년 찰스 스트라이트가 토스트마스터의 특허를 받음.

1939년 스테이플러 제조사인 스윙라인이 심을 쉽게 넣을 수 있는 스테이플러를 선보임.

1939~ 1945년 제2차 세계 대전이 발발하여 미국 정부는 첨단 재료 개발과 공장 설립에 막대한 금액을 지원함. 이 시기에 개발한 재료와 기술이 이후 제품 생산에 큰 영향을 미침.

1945년 미국인 얼 타파가 타파웨어라는 플라스틱 밀폐 용기를 개발함.

1956년 암펙스는 세계 최초로 비디오테이프 녹화기, VRX-1000을 출시함.

1963년 미국인 이반 서덜랜드가 MIT에서 일하며 혁신적인 CAD 소프트웨어인 스케치패드를 개발함.

1974년 3M의 연구원 스펜서 실버는 실수로 접착력이 약한 접착제를 개발함. 이를 우연히 알게 된 아서 프라이가 약한 접착제를 활용해 포스트잇을 발명함.

1977년 아타리 2600이 출시되며 게임 산업이 크게 발전함.

＊ 가정용 게임기의 시작을 알린 2세대 콘솔 게임기.

1981년 IBM은 세계 최초로 개인용 컴퓨터를 출시함. CAD 소프트웨어는 이를 발판 삼아 소수의 전문가가 아닌 일반인도 사용하는 범용 소프트웨어로 자리잡게 됨.

1985년 일본 게임회사 닌텐도가 미국에서 NES를 출시하여 수년간 인기를 끔.

＊ 3세대 콘솔 게임기. 국내에서는 '현대 컴보이'라는 이름으로 출시됨.

1998년 애플이 유선형 형태를 띤 애플은 독특한 디자인의 아이맥 G3을 출시함.

2001년 애플이 새로운 음악 플레이어인 아이팟을 선보임.

2007년 애플이 아이폰을 출시함.

2014년 애플 워치가 출시되면서 스마트 워치와 웨어러블 기기의 시대가 열림.

2018년 VR이 교육 보조장비로 활용되면서 학생들이 교실을 떠나지 않고도 다양하고 폭넓은 체험을 할 수 있게 됨.

중요 단어와 인물

09쪽 **산업디자인(industrial design)**: 대량 생산되는 상품을 디자인하는 과정.

09쪽 **MP3 플레이어(MP3 player)**: 디지털 오디오 파일을 재생하는 전기 장치.

09쪽 **디자이너(designer)**: 사용자 경험에 기초하여 제품의 형태, 외형, 작동 방식을 설계하는 사람.

09쪽 **공학자(engineer)**: 과학, 수학, 창의력을 이용하여 사물을 디자인하여 만들어 내는 사람.

10쪽 **문명(civilization)**: 진보한 예술, 과학, 체제를 갖춘 삶의 양태.

10쪽 **산업 혁명(Industrial Revolution)**: 18세기부터 19세기에 이르기까지 상품의 대량 생산이 시작된 시기.

10쪽 **대량 생산(mass produce)**: 기계를 이용하여 같은 제품을 대량으로 만들어 내는 일.

12쪽 **형식(format)**: 데이터의 배치 방식.

12쪽 **기기(device)**: 전화나 MP3 플레이어같이 특정한 목적을 위해 만들어진 장비.

12쪽 **플래시 메모리(flash memory)**: '칩' 형태의 저장 장치로 데이터를 저장하거나 컴퓨터와 디지털 기기 간 데이터 전송에 사용됨.

12쪽 **하드 드라이브(hard drive)**: 데이터 기억 장치.

13쪽 **하드웨어(hardware)**: 케이스, 키보드, 모니터, 스피커 같은 전자 기기의 물리적인 부품.

13쪽 **조사(research)**: 자세히 살펴보거나 찾아보는 일.

13쪽 **브레인스토밍(brainstorming)**: 창의적인 생각을 자유롭게 떠올리는 일. 사람들이 모인 집단에서 종종 이뤄진다.

13쪽 **데이터(data)**: 컴퓨터가 처리할 수 있는 숫자의 형태로 된 정보.

13쪽 **기가바이트(gigabyte, GB)**: 데이터의 양을 나타내는 단위로 1기가바이트는 10억 바이트에 해당한다.

13쪽 **디지털(digital)**: 0과 1의 조합으로 나타내는 데이터.

13쪽 **디제이(disc jockey, DJ)**: 라디오 프로그램에서 녹음된 음악을 들려주는 사람.

13쪽 **부품(component)**: 큰 전체의 일부, 특히 기계의 일부.

14쪽 **시제품, 프로토타입(prototype)**: 예비 모델.

14쪽 **실물 모형(mock-up)**: 발명품이나 창작물의 모형.

14쪽 **조작하다(manipulate)**: 기계 따위를 일정한 방식에 따라 다루어 움직인다.

15쪽 **사용자 인터페이스(user interface)**: 사용자와 컴퓨터 시스템이 상호 작용하는 방법.

15쪽 **연동하다(integrate)**: 기계나 장치 따위에서, 한 부분을 움직이면 연결된 다른 부분도 잇따라 함께 움직인다.

15쪽 **소프트웨어(software)**: 컴퓨터 프로그램 및 그와 관련된 문서들을 통틀어 이르는 말.

15쪽 **외형(exterior)**: 사물의 겉모양.

15쪽 **소비자(consumer)**: 상품이나 서비스를 구매하는 사람.

16쪽 **특허(patent)**: 발명품을 누군가 임의로 복제하지 않도록 보호하기 위해 발명가에게 주어지는 서류.

17쪽 **기능(function)**: 무엇이 작동하는 특정한 방식.

17쪽 **형태(form)**: 사물의 생김새.

17쪽 **인체 공학(ergonomics)**: 인간에게 알맞게 설계·제작하기 위하여 연구하는 학문.

17쪽 **미적 감각(aesthetics)**: 자연과 아름다움에 대한 일련의 원칙.

17쪽 **친환경 디자인(green design)**: 환경과 인간의 건강에 미치는 해로운 영향을 최소화하는 디자인.

산업디자인이란 무엇일까?

MP3 플레이어를 사용해 보았는가? 사용하면서 어떤 느낌을 받았는가? 좀 더 편리하게 만들 수 있을까? 어떻게 하면 더 좋은 MP3 플레이어를 디자인할 수 있을까? 그렇다면 산업디자인은 왜 중요할까? 우리가 사용하는 제품이 꼭 편리하고 아름다워야 하는 걸까? 왜 그럴까? 아니라면 왜 그렇지 않을까?

산업디자인은 MP3 플레이어뿐만 아니라 다른 여러 제품에 대해서도 같은 고민을 한다. **디자이너**와 **공학자**가 힘을 합하여 안전하고 편리하면서도 아름다운 제품을 만든다. 우리는 이제부터 산업디자인의 역할과 산업디자이너의 활동에 대해 알아보자! 깜짝 놀라게 될 테니 마음의 준비를 단단히 하고 살펴보자.

🌱 **생각을 키우자!**

우리 주변에 산업디자인의 영향을 받은 제품은 무엇이 있을까?

⚙ 산업디자인이란 무엇일까?

인류는 아주 오래전부터 더 나은 문제 해결 방법을 찾으려 고민했다. 우리의 먼 조상들이 사용하던 돌로 만든 도구, 흙으로 빚은 그릇을 조금씩 고치고 다듬으면서 오늘날 우리가 쓰는 도구들이 만들어졌다. 새로운 물건을 발명할 때도 고민을 멈추지 않았다. '어떻게 문제를 해결할 수 있을까? 무엇을 얻을 수 있을까? 어떻게 더 좋게 만들 수 있을까?'라는 여러 물음들에 답하며 디자인이 탄생했다. 그리고 이 디자인을 통해 인류 **문명**의 가장 중요한 발명품들을 얻을 수 있었다

1700년경(18세기) **산업 혁명**이 일어나기 전까지 공예가들이 물건을 만들고 디자인했다. 즉, 수공예의 시대였던 것이다. 하지만 산업 혁명 이후, 물건은 커다란 비행기나 자동차에서 작은 토스터까지 공장에서 **대량 생산**됐다. 표준화된 부품이 공장에서 만들어지기 시작한 것이다. 이 시기부터 사람뿐만 아니라 기계도 상품을 조립했다. 이로써 많은 양의 제품 생산이 가능해졌다. 생산 방식이 변하자 기존의 디자인의 역할도 변하게 되면서 디자인은 생산과 분리된 독립적인 영역이 되었다.

> ❝ 산업디자이너라는 용어는 산업용 제품을 디자인하는 데서 유래했다. ❞

산업디자인은 제품을 생산 이전에 아이디어를 떠올리고 구체화하는 과정이다. 이 과정에서 사용자가 어떤 방식으로 제품을 사용하게 될지, 어떤 기술이나 재료로 만들지, 어떤 모양으로 만들고 어떤 감촉을 줄지 결정한다. 산업디자인은 문제 해결 과정이다. 애플이 아이팟을 디자인한 방식처럼 전 세계 산업디자이너들이 문제를 해결하고 제품을 디자인한다.

산업디자이너는 사물과 사용자 사이의 상호 작용에 주목한다. 그 사례는 우리 주변에서 어렵지 않게 찾아볼 수 있다. 주머니 속에 들어 있는 휴대폰, 벽에 걸린 시계, 주방에 놓여 있는 커피 메이커, 편하게 앉을 수 있는 의자 모두 산업디자인의 결과물이다. 사람이 만든 물건에는 나름의 필요성과 의도가 담겨 있다. 산업디자인의 영향을 받았다고 볼 수 있는 셈이다.

 알·고·있·나·요·?

미국에서만 산업디자이너의 수가 4만 명에 달한다.

전 세계 누적 판매량 2억 7,500만 대를 기록하며 명실공히 MP3 플레이어의 최강자로 우뚝 선 애플 아이팟의 디자인 과정을 살펴보며 산업디자인의 역할에 대해 알아보자.

▲ 1940년 미국 뉴욕 주 휘트필드에 위치한 벨 항공의 제조 공장에서 비행기를 제조하는 모습.

⚙️ 음악 목록이 궁금해!

1990년대 MP3 플레이어는 최첨단 제품이었다. MP3 플레이어는 MP3 파일 **형식**으로 음악을 저장하는 손 안에 쏙 들어가는 작고 편리한 기계였다. 사람들은 너도나도 길을 걷거나 다른 일을 하면서 MP3 플레이어에 저장된 음악을 듣고 싶어 했다.

사람들은 신제품에 열광했지만, MP3 플레이어는 완벽한 제품이 아니었다. 그 당시 MP3 플레이어 **기기**들이 주로 사용하던 기억 장치는 **플래시 메모리**였으며 노래 12곡을 간신히 저장하는 수준이었다. **하드 드라이브**는 노래를 더 많이 저장할 수 있지만, 크고 무거워서 하드 드라이브가 들어간 MP3 플레이어는 무척 사용하기 불편했다.

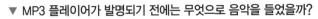

> ❝음악 파일을 MP3 형식으로 변환시키는 일도 만만치 않았다.
> 노래 12곡을 컴퓨터에서 MP3 플레이어로 옮겨 저장하는데 무려 5분이 넘는 시간이 필요했다. ❞

이를 통해 알 수 있듯 노래 천 곡을 저장하려면 몇 시간이 걸릴 정도였다. 애플의 공동 창업자 스티브 잡스(1955~2011)는 불편한 MP3 플레이어를 개선해 더 나은 제품을 만들겠다고 결심했다.

▼ MP3 플레이어가 발명되기 전에는 무엇으로 음악을 들었을까?

⚙ 팀을 구성하다

이후 잡스는 새로운 MP3 플레이어를 개발하고자 했다. 하지만 혼자서 제품을 만들기에는 한계가 있었다. 따라서 잡스는 여러 사람들과 팀을 이뤄 아이디어를 떠올리고 제품을 만들어 냈다. 팀에 처음 합류한 사람은 존 루빈스타인(1956~)으로 이후 애플의 **하드웨어** 부문 고위 임원으로 지냈다.

루빈스타인은 팀에 합류하면서 가장 먼저 시장 **조사**와 아이디어 **브레인스토밍**을 시작했다. 당시 **데이터** 전송 속도가 가장 빨랐던 파이어와이어 기술을 도입해 음악 전송 시간을 단축하고, 도시바에서 생산하는 1.8인치 5**기가바이트** 하드 드라이브를 활용해 작고 가벼운 기기를 만들 계획을 세웠다.

이후 루빈스타인은 팀원을 여러 명 충원했다. 그 가운데 토니 퍼넬(1969~)이 있었다. 퍼넬은 작은 컴퓨팅 장치 및 **디지털** 오디오 플레이어를 만든 경험이 풍부했다. 더군다나 그는 주변에서 알아주는 음악 팬이자 아마추어 **디제이**였다. 퍼넬은 공연을 위해 수많은 CD를 챙겨 다니느라 고생한 장본인이었다. 그는 순식간에 작고 가벼운 MP3 플레이어를 만들 아이디어에 빠져들고 말았다.

루빈스타인은 퍼넬에게 새로운 MP3 플레이어의 디자인을 요청했고, 퍼넬은 기기의 구조, **부품**, 가격에 초점을 맞춰 디자인을 고민했다. 6주 동안 휴대용 전자 기기 전문가들을 두루 만나며 경쟁사의 제품을 연구했다. 자신이 수행하는 프로젝트에 대해서는 단 한마디도 하지 않은 채 말이다.

새로운 프로젝트를 진행하면서 퍼넬은 뛰어난 저장 능력을 갖춘 작고 가벼운 기기의 디자인에 온 힘을 다했다. 물론, 우수한 배터리 용량도 잊지 않았다.

⚙ 마침내 디자인이 탄생하다

프로젝트 6주 차가 되자 퍼델은 세 가지 형태의 **프로토타입**(시제품)을 완성했다. 이때 준비물로 스티로폼, 폼 코어 보드, 낚시 추를 가지고 간단하게 만든 모형이었다. 디자이너들은 제품 제작에 들어가기 전에 미리 자신의 아이디어를 다양한 모형으로 만들어 테스트하곤 한다. 종이를 쓱쓱 잘라 붙여 간단하게 만들기도 하고 완성품과 거의 흡사하게 만들기도 한다. 퍼델은 이 단계를 활용해 2001년 4월 스티브 잡스와 애플 경영진에게 자신의 프로토타입을 선보였다.

그 자리에는 현재 애플의 글로벌 마케팅 수석 부사장인 필립 실러(1960~)도 함께 있었다. 그는 스크롤 휠 **실물 모형**을 소개하며, 스크롤 휠을 사용하면 더 쉽게 플레이어를 **조작**할 수 있다고 말했다. 다른 MP3 플레이어 사용자들은 원하는 음악을 듣기 위해 음량 조절 버튼을 눌러 음악 파일을 찾아 선택해야 했다. 만약 MP3플레이어에 음악이 수천 개 들어 있다면 음악 파일을 찾아 버튼을 수천 번 눌러야 한다는 뜻이었다.

스크롤 휠은 이런 번거로운 조작 대신 손가락 하나로 음악 목록을 빠르게 훑도록 만들었다. 여기엔 숨겨진 기능이 하나 있었다. 휠을 빠르게 돌릴수록 스크롤 속도도 빨라졌다. 스크롤 휠을 사용하면 음악 파일을 찾는 속도를 원하는 대로 조절할 수 있었다. 바로 이런 점에서 산업디자인의 중요성을 찾아볼 수 있다. 기기와 사용자의 상호 작용을 더 쉽고 자연스럽게 만들려는 노력 말이다.

> **66** 잡스는 퍼델과 실러의 아이디어에 찬성했다.
> 이제 신제품 프로젝트는 P-68이라는 이름으로 은밀하게 추진되었다. **99**

아이팟 1세대.

아이튠즈, 음악 시장의 이단아!

2001년 1월, 애플은 아이튠즈를 새롭게 선보였다. 음악을 사고, 팔고, 듣는 방식을 송두리째 뒤바꾼 혁신적인 애플리케이션이었다. 이전에는 자신만의 플레이리스트를 만드는 과정이 매우 번거로웠다. 여러 음악 CD에서 파일들을 컴퓨터로 옮겨 한데 모으고, 그중에서 좋아하는 음악 파일만을 골라 새로운 CD에 다시 저장했다. 이 과정에서 사용하는 앱도 어렵고 복잡했다. 애플은 이런 사용자의 불편함을 해결하고자 했다. CD에서 MP3로 음악 파일을 전송하고 목록을 만들 수 있는 간단한 **사용자 인터페이스**를 만들었다. 그리고 아이튠즈를 발표한 지 1년이 채 되지 않아, 아이팟을 출시하며 아이팟과 완벽하게 **연동**되는 새로운 버전의 아이튠즈도 함께 공개했다. 2003년 4월, 아이튠즈 스토어 기능이 도입되어 사용자들은 아이튠즈 스토어에서 한 곡당 99센트의 가격에 음악을 바로 구매할 수 있게 되었다. 아이튠즈 스토어는 서비스를 시작한 지 일주일 만에 음악 100만 곡을 판매하는 기록을 세웠다.

퍼델은 애플의 마케팅팀과 상의 끝에 새로운 MP3 플레이어의 출시 날짜를 2001년 크리스마스로 정했다. 남은 6개월 동안 신제품 개발, 제작, 운송까지 모두 마쳐야만 가능한 시나리오였다. 퍼델은 서둘러 팀의 빈자리를 채워 넣었다. 팀원 일부는 **소프트웨어**를, 나머지 일부는 하드웨어를 개발했다.

완벽한 팀이 구성되면서 팀원들은 쉴 틈 없이 신제품 개발에 매달렸다. 하루의 18시간 이상, 일주일의 7일을 꼬박 일했다. 신제품을 공개하기 전에 만든 프로토타입의 크기가 무려 신발 상자만 했다. 프로토타입을 실험하는데 편리하다는 장점도 있었지만, 사실 신제품의 크기를 끝까지 숨기고자 하는 의도도 포함되어 있었다.

소프트웨어 팀과 하드웨어 팀이 열심히 개발하는 동안, 조너선 아이브(1967~)가 이끄는 산업디자이너 팀은 MP3 플레이어의 **외형**을 디자인했다. 수십 개의 프로토타입을 검토한 끝에 디자인 하나를 선택할 수 있었다. 완성된 제품은 무게가 고작 170그램에 불과한 단순한 상자 모양이지만, 그 안에는 노래를 천 곡가량 담을 수 있는 5기가바이트의 작은 하드 드라이브가 들어 있었다.

당시 휴대용 디지털 기기 시장은 짙은 회색 제품들로 넘쳐났다. 아이브는 기존 제품들과 차별화하기 위해 스테인리스 케이스에 전면을 하얀 플라스틱으로 뒤덮은 디자인을 선택했다. 애플의 새 MP3 플레이어는 단순한 사각형 화면, 다섯 개의 버튼, 그리고 스크롤 휠이 특징적이었다. 스크롤 휠은 음악 파일을 고르고 음향을 조절하는 데 사용됐다. 내장형 배터리를 사용했고, 전원 스위치나 나사를 찾아볼 수 없었다. 여러 장치를 케이스 안으로 숨기면서도 '이 기기는 음악을 재생한다'라는 간단한 메시지를 자신 있게 **소비자**들에게 전달했다.

당시 컴퓨터를 파는 회사였던 애플로서는 소비자용 음악 기기를 파는 것은 대단한 모험이자 도전이었다. 기존 컴퓨터 소비자가 아닌 새로운 소비자층에게 다가가야 했고, 판매를 촉진하기 위한 마케팅 캠페인을 디자인할 전문가를 모집해야 했다. 전문가들 가운데 프리랜서 카피라이터였던 비니 치에코가 MP3 플레이어에 새로운 이름을 붙였다. 이것이 바로 아이팟이었다.

치에코는 팟 같은 작은 비행정이 오고 가는 우주선이야말로 궁극의 허브라고 상상했다. 당시 경쟁사들은 제품의 기술 사양을 강조하며 마케팅 전략을 펼쳤지만, 애플은 아이팟의 스타일을 부각하는 마케팅을 전개했다. 이러한 마케팅의 결과는 대성공이었다.

> **"이제 사람들은 언제 어디서든 아이팟으로 음악을 들을 수 있게 되었다.**
> **아이팟은 산업디자인 역사상 가장 의미 있는 성공을 거뒀다. "**

애플은 수개월 동안 공을 들인 후에야 아이팟을 출시할 수 있었다. 2001년 11월 아이팟의 첫 배송이 시작됐다. 잡스는 신문 기사를 통해 아이팟을 소개하며 언제 어디서든 음악을 들려주는 기기라고 표현했다. 아이팟은 총 4억 대가 넘게 판매됐다. 세계 최초의 발명품은 아니지만, 음악 산업의 지형을 바꾸고 사람들이 음악을 듣는 방식까지 바꿔놓은 혁신적인 디자인이었다.

애플의 조너선 아이브 경

애플은 기술 기업이지만 아이맥, 아이팟, 아이폰, 애플 워치 같은 기기의 디자인으로도 유명하다. 애플의 수석 디자이너인 조너선 아이브는 1996년부터 애플의 디자인 팀을 이끌며 하드웨어의 외관과 촉감, 사용자 인터페이스, 제품 포장, 소매 상점, 프로젝트 계획 등 디자인 관련 모든 일에 관여했다. 아이브는 컴퓨터가 가정생활의 중심이 되었다고 믿었다. 날렵하고 아름다우면서 사용감이 좋은 기계를 염두에 두고 디자인했다. 그는 사용법이 쉽고 편해야 한다고 강조하며 무심코 지나치기 쉬운 작은 부분도 허투루 넘어가지 않았다. 한 예로, 1996년 출시된 아이맥은 사탕처럼 알록달록한 색깔의 반투명한 케이스, 둥글둥글한 외형, 뛰어난 처리 장치로 소비자들을 놀라게 했다. 그는 컴퓨터의 프로세서가 반투명 케이스 안에 들어가게끔 만들어 컴퓨터의 크기를 확 줄였다. 1998년 아이맥이 200만 대가 팔리면서 애플은 1995년 이후 첫 번째 흑자를 기록했다. 아이브는 5천 개가 넘는 **특허**를 보유하고 있으며 다수의 디자인상을 받았다. 이 밖에도 2003년 런던 디자인 박물관이 수여하는 올해의 디자이너 상을 받았으며, 2013년 디자인 업적으로 기사 작위를 받았다.

알·고·있·나·요?

산업디자인은 사용 환경과 이용 가능한 재료에 영향받는다.

⚙️ 디자인은 왜 중요할까?

작동 방식이 만족스러운 제품을 발견한 적이 있는가? 그 제품을 곧바로 구매했는가? 디자인은 제품의 성공을 가름 짓는 중요한 요소다. 그런데 디자인은 단순히 잘 작동하는 제품을 만드는 것 이상이다. 디자인은 소비자의 욕구를 이끌어내는 일이기도 하다. 예를 들어, MP3 플레이어가 잘 작동할지라도 생김새가 불만족스럽다면, 그 제품의 소비자는 같은 제품을 재구매하거나 그 회사의 다른 제품을 구매하지 않을 가능성이 높다. 주위 사람들에게 추천할 리도 없다.

산업디자이너들은 제품을 디자인할 때 **기능**과 **형태** 사이의 균형을 잡으려고 노력한다. 좋은 디자인은 올바른 재료, 보기 좋은 색과 세부 장식, 아름다운 형태를 갖춰 소비자가 제품을 구매하도록 유인한다. 소비자의 요구와 이런 요구를 실현할 수 있는 기술 사이의 균형을 맞춰 사회적으로 적합한 제품을 만든다.

> ❝ 훌륭한 산업디자이너들은 소비자 경험을 최우선으로 고려한다. ❞

제품을 디자인할 때, 산업디자이너들은 작은 부분마저도 소비자의 사용 경험을 최대로 만족시키려고 노력한다. 좋은 디자인은 결국 사용하기 편리한 제품을 만드는 일이기 때문이다.

우리가 흔히 사용하는 믹서기, 전등, 노트북 같은 제품이 디자인되는 과정을 살펴보고, 장인이 물건을 손으로 만들던 과거부터 공장에서 대량 생산되는 현재까지 산업디자인의 역사를 살펴보자. 공학적인 디자인 기술을 배우고 사용하기 편리하고 보기 좋은 디자인이 무엇인지 생각해보라. 더 나아가 제품의 기능, 실용성, **인체 공학**적 고려, **미적 감각**, **친환경 디자인** 등 여러 가지 측면에 대해 평가해 보고, 디자이너 공책을 펼쳐 나만의 산업디자인을 그려보자!

생각을 키우자!

우리 주변에 산업디자인의 영향을 받은 제품은 무엇이 있을까?

산업디자이너처럼 생각하기

디자이너들은 누구나 공책 한 권을 들고 다닌다. 각종 아이디어와 단계별 과정을 기록하기 위해서다. 우리도 공책을 꺼내 들고 디자이너처럼 탐구 활동을 해 보자. 공책에 알아낸 사실과 정보, 문제 해결 방법을 차근차근 적으면 된다. 아래 디자인 설계 과정을 살짝 참고해도 좋지만, 똑같은 단계를 밟으려 일부러 애쓸 필요는 없다. 이 책의 '탐구 활동'에는 정해진 답도, 정해진 방법도 없으니까말이다. 마음껏 창의력을 발휘하고 즐기면 그만이다.

디자인 설계 과정

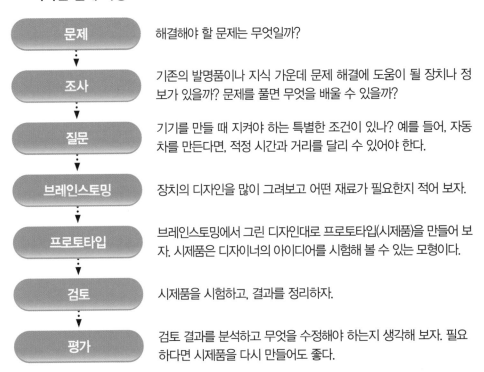

문제 → 해결해야 할 문제는 무엇일까?

조사 → 기존의 발명품이나 지식 가운데 문제 해결에 도움이 될 장치나 정보가 있을까? 문제를 풀면 무엇을 배울 수 있을까?

질문 → 기기를 만들 때 지켜야 하는 특별한 조건이 있나? 예를 들어, 자동차를 만든다면, 적정 시간과 거리를 달리 수 있어야 한다.

브레인스토밍 → 장치의 디자인을 많이 그려보고 어떤 재료가 필요한지 적어 보자.

프로토타입 → 브레인스토밍에서 그린 디자인대로 프로토타입(시제품)을 만들어 보자. 시제품은 디자이너의 아이디어를 시험해 볼 수 있는 모형이다.

검토 → 시제품을 시험하고, 결과를 정리하자.

평가 → 검토 결과를 분석하고 무엇을 수정해야 하는지 생각해 보자. 필요하다면 시제품을 다시 만들어도 좋다.

이 같은 활동을 기록하는 공책을 앞으로 '디자이너 공책'이라고 부르겠다. 디자이너 공책에 본문 첫머리와 마지막에 반복해서 나오는 '생각을 키우자'에 대한 자신의 생각을 꼭 적어 보자.

디자이너 공책 기록하기

디자이너들은 공책을 들고 다니며 언제 어디서든 아이디어를 기록한다. 아이디어를 가능한 한 많이 떠올리는 것이 디자인의 첫걸음이라고 할 수 있다.

1> **아이디어 하나를 골라 노트에 관련된 모든 내용과 작업 과정을 기록한다.** 처음부터 끝까지 반드시 같은 노트에 적어보자. 디자인을 설계하는 과정에서 발생하는 조사, 관찰, 아이디어, 스케치, 의문 사항들을 모두 적는다.

2> **디자이너들은 흔한 줄 공책보다는 무지 공책이나 눈금 공책을 즐겨 사용한다.** 스케치를 자주 그리기 때문이다. 어떤 디자이너는 많이 적을 수 있는 큰 공책을 좋아하고 또 어떤 디자이너는 쉽게 들고 다닐 수 있는 작은 공책을 좋아한다. 무엇이든 자신에게 맞는 공책을 골라보자!

3> **디자이너 공책에 적어 보자!**
  * 기존 제품의 문제
  * 문제 해결 아이디어
  * 조사 내용
  * 아이디어와 해결책 스케치
  * 사용자와 전문가 인터뷰 내용
  * 경쟁 제품의 사진
  * 디자인 필수 조건의 목록
  * 의문점과 문제점

이것도 해 보자!

디자이너 공책에 적어야 할 정보에는 무엇이 더 있을까? 그 정보는 왜 중요할까?

중요 단어와 인물

22쪽 **대장장이(blacksmith)**: 철로 물건을 만드는 사람.

22쪽 **석공(mason)**: 돌이나 벽돌을 다루어 건물을 짓는 사람

22쪽 **독특하다(unique)**: 특별하게 다르다.

24쪽 **인쇄기(printing press)**: 인쇄하는 데 쓰는 기계.

24쪽 **유물(artifact)**: 도구, 도자기, 보석 등 과거 사람들이 만든 물건.

24쪽 **기념비(milestone)**: 중대한 변화나 발전 단계를 나타내는 행위나 사건.

24쪽 **문양(motif)**: 장식적인 디자인 혹은 패턴.

24쪽 **패턴 북(pattern book)**: 가구, 직물, 기타 물건에 대한 무늬와 디자인 견본이 들어 있는 책.

24쪽 **장식(ornament)**: 치장, 꾸미는 것.

25쪽 **경제(economy)**: 사회에서 상품과 서비스를 사고파는 방식.

25쪽 **우위(advantage)**: 남보다 나은 위치나 수준.

25쪽 **전문가(specialist)**: 어떤 분야나 활동에 종사하는 사람.

25쪽 **건축가(architect)**: 건축을 설계하고 계획하는 사람.

27쪽 **가정용(domestic)**: 가정이나 가족에 관련된.

27쪽 **조립 부품(subassembly)**: 별도로 조립되는 유닛. 다른 유닛과 결합하여 더 큰 제품이 되도록 설계된다.

27쪽 **표준화 (standardization)**: 일정한 기준에 따라 통합하다.

27쪽 **호환성(interchangeability)**: 두 개의 구성 요소를 서로 바꾸어 사용할 수 있는

27쪽 **비용(cost)**: 가격. 어떤 것을 사거나 하는데 드는 돈.

27쪽 **브랜드 아이덴티티(brand identity, BI)**: 소비자가 제품, 사람, 사물로부터 받는 메시지.

27쪽 **차별화(differentiation)**: 개발이나 디자인을 통해 다른 것으로 만들다.

27쪽 **로고(logo)**: 회사를 식별하는 데 사용되는 기호로, 자사 제품이나 마케팅에 등장한다.

28쪽 **발판(treadle)**: 발로 밟거나 눌러서 기계류를 작동시키는 부품.

28쪽 **합금(alloy)**: 하나의 금속에 성질이 다른 하나 이상의 금속이나 비금속을 섞어서 새로운 성질의 금속을 만듦. 또는 그렇게 만든 금속.

28쪽 **부목(splint)**: 부러진 팔다리를 고정하기 위하여 일시적으로 대는 단단한 조각.

29쪽 **리벳(rivet)** : 머리 부분이 둥글고 두툼한 못. 철골 부재를 조립하거나 선체 철판을 잇는 데 쓰임.

1장

수공예에서 대량 생산으로

공장이 들어서고 물건이 대량 생산되기 이전에도 디자인은 생산 과정에서 중요한 한 부분이었다. 소비자라면 디자인이 미적으로도 잘 되어 있고, 만들어진 의도대로 정확하게 작동하는 제품을 사용하면 기분이 좋아진다. 그럼 디자인 하나로 소비자의 기분까지 의도한 것일까?

하지만 반대의 경우도 생각해 볼 수 있다. 엉망으로 디자인되어 제멋대로 작동하는 물건을 사용하면 기분이 실망스러울 때가 종종 있다. 어쩌면 잘못 만들어진 불량 제품이라면 위험한 상황이 생길지도 모른다. 우리는 평소 디자인이 잘 설계된 제품을 사용하고 있는 걸까? 아니면 엉망으로 디자인된 제품을 사용하고 있는 걸까? 디자인의 품질을 판단하기에 앞서 디자인과 제조가 협력적인 관계를 이루는 과정에서 일어났던 크고 작은 일들에 대해 알아보자.

🌱 생각을 키우자!

물건을 만드는 방식이 수공예에서 대량 생산 체제로 바뀐 까닭은 무엇일까?

⚙️ 수공예 기반 디자인

수 세기 전, 사람들은 무언가가 필요하면 직접 만들거나 그것을 만들 수 있는 솜씨 좋은 다른 사람에게 부탁했다. 산업 혁명이 일어나기 전까지만 해도 물건은 사용할 사람이 집에서 직접 만들거나, 특별한 기술자에게 의뢰해 제작했다. 구두장이들은 온 마을 사람들의 구두를 만들었고, 목수들은 식탁과 의자를 만들었다. 도시 사람들은 **대장장이**, 목수, **석공**, 도공, 직공과 같은 지역 공예가의 기술에 의존하여 그들이 만들어내는 생활용품을 사용했다.

과거에는 물건을 손으로 만들었고 디자인도 저마다 다르고 **독특했다**. 물건의 디자인이나 형태는 공예가가 정했다. 목수는 어떤 종류의 나무를 사용할 건지, 어느 정도 크기의 테이블을 만들 건지, 마음 가는 대로 결정했다.

인류 역사상 가장 유명한 예술가 중 한 명인 레오나르도 다빈치(1452~1519)는 사람들에게 독창적인 디자이너로 널리 알려져 있다. 그는 공책, 일명 다빈치 노트에는 수천 장의 그림과 수학, 과학, 공학 관련 도형들을 빼곡히 채웠다. 떠오르는 아이디어를 꾸준히 기록했던 셈이다. 다빈치의 노트를 보면 그가 얼마나 깊이 있고 창의적인 생각을 하고 있었는지 알 수 있다.

> **66 다빈치는 대포에 대한 지식과 그의 독창적인 상상으로**
> **이탈리아를 위한 엄청난 무기를 디자인했다. 99**

또한 레오나르도는 문제를 해결하기 위해 그의 창의성과 디자인을 활용했다. 그 당시 대포는 한 발 쏘고 난 뒤 대포알을 장전하는 데 시간이 오래 걸렸다. 이 문제를 해결하기 위해 레오나르도는 33-포열 오르간을 디자인했다. 이는 대포를 쏘는 동시에 대포알을 장전할 수 있게끔 바퀴가 달려 빙글빙글 돌아가는 삼각형 구조에 한 면에 11개씩 화포가 달려 총 33개의 화포가 달린 무기였다.

덕분에 병사들은 치열한 전투 중에도 대포알을 11발씩 한꺼번에 장

알·고·있·나·요·?

레오나르도 다빈치는 자연에 깊은 관심을 갖고 많은 연구를 했다. 이는 그의 디자인에도 영향을 미쳤다. 다빈치가 디자인한 비행체에는 그가 연구한 새와 박쥐에 대한 내용이 반영되어 있었다.

전하고 쏠 수 있었다. 첫 번째 줄의 대포가 11발을 발사하면 바퀴로 몸통을 회전시켜 두 번째 줄이 또 11발을 쏘는 형식이었다. 즉, 두 번째 줄이 작동하는 동안 첫 번째 줄의 대포들은 열을 식히고, 세 번째 줄의 대포에는 대포알을 장전하며 작전을 이어나가게 되는 것이다. 이 디자인대로 무기를 제작하면 더 이상 대포의 열을 식히거나 대포알 장전을 하기 위해 긴 시간을 기다릴 필요가 없었다.

▲ 초기 인쇄소 모습. 스위스 화가 요스트 암만의 목판화.

⚙️ 구텐베르크 인쇄기

대량 생산을 향한 중요한 길목에는 구텐베르크 **인쇄기**가 있었다. 독일의 기술자 요하네스 구텐베르크 (1397 추정~1468년)가 인쇄기를 발명하자 책이 대량 생산되기 시작했다.

인쇄기가 발명되기 이전, 책은 몹시 괴로운 노동의 산물이었다. 15세기 중반까지 유일한 정보 기록 매체였지만 만들기는 여간 어려운 것이 아니었다. 목판에 글자를 새겨 찍어 내거나 손으로 일일이 베껴 써야 했기 때문이다. 길고 지루한 작업을 통해 만들어지는 만큼 일반 대중들이 책을 손에 넣기란 쉽지 않은 일이었다. 오히려 예술적, 종교적 **유물**로 취급되어 구경하기조차 힘들었다.

구텐베르크 인쇄기의 발명으로 사상, 이념, 이야기들이 역사상 처음으로 손쉽게 생산되고 복제되었다. 책 인쇄본은 그야말로 날개 돋친 듯 팔려나갔다. 산업디자인의 역사에서 구텐베르크 인쇄기는 **기념비**적인 발명품이다. 구텐베르크 인쇄기 발명 이전의 디자인 과정은 제조 과정과 밀접하게 묶여 있었다. 인쇄기 발명 이후, 가구, 금속 공예, 자수 등의 **문양**이 담긴 패턴 북과 공예가들을 위해 기술과 요령을 자세히 설명하는 책이 발간됐다.

공예가들은 디자이너의 도움 없이도 **패턴 북**을 활용하여 디자인적인 물건을 생산하게 되었다. 패턴 북의 한 페이지를 골라 디자인을 따라 할 수 있었기 때문이다. 이때부터 디자인은 제조와 분리되기 시작했다

디자인 특허

새로운 제품 개발과 디자인에는 많은 시간과 노력이 필요하다. 어떤 사람들은 시간과 노력을 들이지 않고 기존 제품 디자인을 베껴 사용하려 든다. 디자이너들은 자신의 디자인이 어디선가 몰래 사용되는 것을 막고자 한다. 디자인을 어떻게 보호할 수 있을까? 미국에서는 디자인 특허로 디자인에 재산권을 부여하여 수년간 다른 사람들이 그 디자인을 사용하지 못하게 막는다. 일반적으로 특허는 물건이 작동하는 방식을 제한하는 반면, 디자인 특허는 겉모양을 제한한다. 1842년, 미국 특허법은 **장식**적인 디자인 또한 포함하도록 그 범위가 수정됐다. 이후 1902년, 제품의 새롭고 독창적이며 장식적인 디자인은 무엇이라도 보호받도록 개정됐다. 장신구, 가구, 음료수 용기, 컴퓨터 아이콘의 장식적인 디자인에도 디자인 특허가 적용된다. 디자인 특허가 부여되면, 특허받은 디자인과 유사한 디자인으로 만들어진 물품은 생산, 사용, 복제, 또는 미국 내 수입이 금지된다. 1842년 조지 브루스(1781~1861)는 새로운 글꼴을 만들어 최초의 미국 디자인 특허를 받았다.

⚙️ 산업 혁명

1700년대 후반부터 1900년대 초반까지 약 100년 동안 유럽에서 엄청난 변화가 일어났다. 새로운 이념과 제도, 발명품이 등장하면서 사람들의 생활양식을 완전히 바꿔버렸다. 이 거대한 변화의 시대를 우리는 산업 혁명이라 부른다.

크고 작은 도시에 기계로 가득 찬 공장들이 우후죽순 들어서고 증기 기관 열차가 사람과 화물을 실어 날랐다. 제조업이 급격하게 발전함에 따라 장인의 수공예품보다 공장의 대량 생산 제품을 더 쉽게 찾아볼 수 있었다.

> **❝경제 규모가 커지고 운송 수단이 발달하면서 대도시가 새롭게 생겨나자,**
> **공장에서 만든 제품에 대한 수요가 증가했다. ❞**

장인들이 만들어 내는 수공예품으로는 늘어난 수요를 충족시킬 수 없었다. 하지만 공장에서 생산되는 제품의 디자인만큼은 장인의 손을 거쳐야 했다. 최초의 산업디자인이 탄생한 순간이었다.

1800년이 되자, 영국은 도자기, 숟가락, 단추, 버클, 찻주전자 등의 제품을 대량 생산하는 공장의 본거지가 되었다. 영국에서 시작된 산업 혁명은 이내 유럽과 미국으로 퍼져나갔다.

공장 노동자들은 저마다 다른 일을 해야 했다. 장인 한 명이 물건 하나를 온전히 만들던 때와는 다른 방식이었다. 이제 장인이 아닌 노련한 노동자가 물건을 만들었고, 제품의 디자인과 생산 사이의 거리는 더욱 멀어졌다.

19세기 후반에 이르러, 제조사들은 외형이 아름다운 제품이 경쟁에서 **우위**를 점한다는 사실을 알게 되었다. 소비자들은 기능이 비슷하다면 그 가운데 가장 보기 좋은 제품을 구매했기 때문이었다.

제조사들은 디자인 **전문가**를 (종종 **건축가**를) 초청해 디자인 단계에 참여시켰다. 20세기 초반 제조업자들은 산업디자인이 얼마나 중요한지 깨달았기 때문이다.

1859년 미하엘 토넷(1796~1871)은 클래식 카페 의자, No.14를 만들었다. 대량 생산을 염두에 두고 디자인된 최초의 의자로, 나무를 구부려 등받이를 만들고 장식을 제거해 군더더기라고는 하나 없는 디자인이었다. 모든 부품이 좌판과 뼈대를 만드는 데 꼭 필요했다. 없어도 되는 부품은 빼버리고 없어서는 안 될 부품으로만 의자를 만든 셈이다. 디자인이 단순해진 만큼 재료 구매비와 임금 비용을 절감할 수 있었다.

알·고·있·나·요·?

유럽 전역의 작업장에서는 모형, 패턴 북, 출판된 그림책을 활용하여 디자인 작업을 했다.

이 의자는 미하엘 토넷이 만든 카페 의자, No. 14야.

대량 생산을 목적으로 만들어진 최초의 의자지.

포장과 배송이 편리하고 스크루 드라이버 하나로 간단하게 조립하도록 디자인되었어!

정말 좋은 아이디어다!

이런 가구를 파는 상점을 만들어 볼까?

이미 늦었어!

No. 14는 원조 이케아 가구나 다름없어.

❝ No. 14는 대량 생산에 최적화된 디자인이었다. ❞

그뿐만 아니라, 완제품이 아닌 조립 의자는 상자에 차곡차곡 넣어 간편하게 배송할 수 있었다. 상자를 배송받은 소비자들은 스크루 드라이버 하나면 의자를 쉽게 조립할 수 있었다. 단순한 디자인이었지만 집, 호텔, 식당, 카페, 바 어디에도 어울렸다. 원조 이케아 가구라고 해도 과언이 아니었다. 의자 부품은 토넷이 디자인했지만, 조립은 사용자의 몫이었다. No. 14는 1891년까지의 누적 판매량이 무려 730만 개에 달했다. 대량 생산을 위한 디자인의 수익성을 입증한 셈이다.

알·고·있·나·요·?

토넷이 디자인한 의자는 가볍고 튼튼했으며 가격은 포도주 한 병보다 저렴했다.

미하엘 토넷의 의자와 비슷한 디자인은 지금도 어렵지 않게 찾아볼 수 있다.

⚙️ 산업디자이너 '페터 베렌스'

1900년대 초, 디자인을 제조와 분리하려는 시도는 계속해서 이뤄졌다. 1907년 독일 **가정용** 전자 제품 회사 AEG는 건축가 페터 베렌스(1868~1940)를 채용해 제품 디자인 향상에 힘쓰기 시작했다.

베렌스는 전구, 시계, 선풍기, 전기 주전자를 포함한 AEG 모든 제품의 틀을 짜고 세부 디자인을 정하며 미적 결정을 도맡았다. 그는 **조립 부품**을 표준화하여 **호환성**을 갖추도록 했다. 이렇게 하면 한 부품을 여러 제품에 두루 사용하여 생산 **비용**이 낮추고 효율성을 높일 수 있었다. 이어 그는 AEG의 **브랜드 아이덴티티**를 확립하고 제품을 디자인했다. 이로써 베렌스의 디자인은 단순하지만 심오하고 예술적이었다. 베렌스는 최초의 산업디자이너 가운데 한 명으로 자리매김했다.

이후 AEG는 제품 디자인의 예술적인 측면을 광고하며 경쟁사 제품과의 **차별화**를 꾀했다. 제품 자체의 디자인에 그치지 않고 제품 포장, 홍보 포스터, 더 나아가 판매점의 외관까지 제품과 같은 콘셉트로 단순하고 깔끔하게 꾸며 일관된 메시지를 전달했다. 베렌스는 AEG의 광고, 제품 설명서, 상품 안내서를 모두 뜯어고 쳤다. 그가 디자인한 회사 **로고**는 독일의 모든 도시에서 찾아볼 수 있었다.

⚙️ 전쟁과 디자인

20세기에 들어서자 전쟁은 산업디자인에 엄청난 영향을 미쳤다. 제1차 세계 대전 당시 디자이너들은 전쟁을 위한 무기와 도구를 새롭게 만들고 개량했다. 이렇게 만들어진 물건들은 공장에서 대량 생산되었고 전투의 모습을 완전히 바꿔버렸다.

군수 물품이 새롭게 디자인되기 시작했다. 전투 비행기, 정찰 비행기, 잠수함, 탱크 등이 새롭게 만들어졌고, 지뢰, 수류탄, 기관총 같

알·고·있·나·요·?

볼펜은 전쟁이 낳은 디자인이다. 특히 비행기 조종사들은 만년필보다 볼펜을 선호했는데, 볼펜은 높은 고도에서도 쉽게 사용할 수 있었기 때문이었다.

은 무기가 만들어졌다. 새로운 디자인은 야전 포병의 전투력을 향상했고, 무기를 좀 더 정확하고 치명적으로 만들었다.

미국은 제2차 세계 대전 동안, 전쟁에 총력을 기울였고 공장들은 쉴 새 없이 군수물자를 제조했다. 미국 정부는 극비 연구 프로그램 및 연구 기관을 설립하여 전쟁에서 이기는 데 필요한 무기, 기술, 물품이라면 무엇이라도 개발하고 디자인했다. 이런 기관 중 하나가 최초로 원자 폭탄을 개발하고 설계한 뉴멕시코 주 산타페 인근에 있던 로스 앨러모스 과학연구소였다.

싱어 재봉틀

미국 보스턴의 기계 공장에서 재봉틀을 고치던 아이작 메리트 싱어(1811~1875)는 한 가지 생각을 떠올렸다. 재봉틀의 디자인을 개선할 방안이었다. 11일이 지나고 싱어는 **발판**으로 작동되는 재봉틀을 제작했다. 지렛대인 발판을 발로 밟으면 재봉틀의 바늘이 작동했고 두 손은 자유로워졌다. 바느질할 때 밀리지 않도록 원단을 고정하는 장치도 있었다. 원단 고정 장치는 이전에도 있었지만, 이를 재봉틀에 성공적으로 적용한 사람은 싱어가 최초였다. 싱어는 재봉틀 디자인 특허를 받은 뒤 자신의 이름을 딴 아이 엠 싱어 회사를 설립했고, 이후 싱어 제조회사로 이름을 변경해 재봉틀을 생산했다. 1860년 싱어가 설립한 회사는 세계에서 가장 큰 재봉틀 회사가 되었고 1885년 세계 최초 전기 재봉틀을 선보였다.

정부의 연구 개발 지원금이 제조사로 흘러 들어갔고, 제조사는 지원금으로 군수 물품의 기능적 디자인을 창조해냈다. 자동차 제조사, 비행기 제조사, 그리고 기타 여러 민간 제조사들이 일반적인 상품 생산을 멈추고 탱크에서부터 라디오 안테나에 이르기까지 군수물자 생산에 온 힘을 기울였다.

정부 자금을 바탕으로 공학자와 디자이너는 첨단 재료 개발에 박차를 가했다. 이 중에는 **합금**과 플라스틱이 있었다. 그들은 또한 새로운 생산 기술을 개발하고 최첨단 방어 시설과 무기 생산 공장을 건설했다.

전쟁이 끝나자, 전쟁을 위해 개발한 재료와 기술이 고스란히 상품 디자인에 응용됐다. 예를 들어, 비행기를 접합하던 기술로 합판 의자에 고무 완충 마운트를 붙여 진동과 소음을 줄이는 데 사용됐다. 변경과 재사용은 산업디자인의 핵심이다!

축적된 노하우도 무시할 수 없는 자산이었다. 군수 물품을 디자인한 경험을 산업디자인에 녹여냈다. 산업 디자이너 찰스 임스(1907~1978)와 레이 임스(1912~1988)는 전쟁 기간 동안 해군용 **부목**과 들것을 만들며 새로운 재료와 기술을 이용한 디자인 경험을 쌓았다.

제2차 세계 대전으로 인하여 미국은 산업 강국으로 발돋움했다. 비행기, 무기, 군수 물품을 만들던 공장들은 소비자 제품 공장으로 거듭났다.

 알·고·있·나·요·?

전쟁 동안 개발된 재료와 기술들은 전쟁이 끝난 뒤, 미국의 산업 디자인에 어마어마한 영향을 미쳤다.

🌱 생각을 키우자!

물건을 만드는 방식이 공예 제작에서 대량 생산 체제로 바뀐 까닭은 무엇일까?

28

▼ 1942년 미국 캘리포니아주 잉글우드에 있는 노스 아메리칸 항공사의 공장에서 제2차
세계 대전에서 활약한 쌍발 프로펠러 운송기, C-47 조종석의 리벳을 박는 모습.
출처: Alfred T. Palmer, Office of War Information

생산 방식에 따른 디자인

공장이 등장하고 대량 생산 체제가 자리 잡으며 생산량의 제한이 사라졌다. 이때 디자인이 제조 과정에서 독립하며 예상치 못한 여러 가지 문제가 발생했다. 탐구 활동을 통해 공예 디자인과 대량 생산이 어떻게 다른지 알아보자

1〉 **우선, 공예가로서 만들 물건을 정해 보자.** 액자, 나무 기차놀이 장난감, 자석 클립 등 무엇이라도 좋다. 한 가지를 골라 디자인해보자.

   *내가 한 디자인은 어떤 특징이 있는가?

   *이러한 특징들을 언제 결정했는가? 물건을 정할 때였는가? 아니면 물건을 디자인할 때였는가?

   *디자인과 실제 제품 제작은 어떤 관계가 있을까?

   *그 디자인이 필요하다고 생각한 이유는 무엇인가?

   *그 재료를 선택한 이유는 무엇인가?

   *직접 사용하고 싶을 만큼 마음에 드는가?

2〉 **이제, 공장에서 디자인대로 물건을 제작한다면, 디자인을 어떻게 공장 생산자에게 전달할 것인가?** 자신의 디자인은 대량 생산하기에 적절한지 생각해 보자.

3〉 **마지막으로, 친구들이 공장 일꾼이 되어 디자인대로 물건을 만들어 보자.** 내가 손으로 만든 물건과 친구들이 공장 시스템에 따라 만든 물건이 어떻게 다른지 비교해 보자.

＊두 개의 물건 사이에 차이점이 있는가?

＊만드는 과정에서는 어떤 차이점이 있는가?

＊공장에서 대량 생산할 경우, 나의 디자인에는 어떤 문제가 있을까? 왜 문제일까?

＊물건이 디자인대로 만들어지지 않으면 무엇이 문제일까?

＊물건마다 서로 다르면 무엇이 문제일까?

＊디자인과 제작의 틈을 줄이려면 디자이너로서 어떻게 해야 할까?

 알·고·있·나·요·?

산업디자이너들은 다양한 분야에서 활약한다. 조그마한 공구, 가전제품, 가구, 자동차부터 산업용 차량, 의료용 기계, 컴퓨터 하드웨어 및 소프트웨어 같은 전문적인 제품에까지 디자이너의 손길이 닿는다.

이것도 해 보자!

대량 생산 제품에 있어서 장식은 어떤 의미가 있을까? 장식은 물건을 꾸미기 위해 덧붙이는 것으로, 페인트 및 마감재를 칠하거나 보석을 덧붙이는 것 또한 장식이라고 볼 수 있다. 장식이 물건의 형태, 기능, 제조 과정 그리고 비용에 어떤 영향을 미치는지 생각해 보자.

33쪽 **시장 조사원(market researcher)**: 고객이나 시장 정보를 수집하기 위해 조직적인 노력을 하는 사람.

34쪽 **유행(trend)**: 특정 시기에 인기를 끄는 것.

35쪽 **디자인 필수 조건(design requirements)**: 디자인 해결책이 갖춰야 할 중요한 특성.

35쪽 **내구성(durable)**: 오래 견디는 성질.

36쪽 **아이데이션(ideation)**: 아이디어를 얻기 위하여 행하는 모든 창의적인 활동 과정.

36쪽 **보편적인(universal)**: 모든 사람이 사용하거나 이해하는.

36쪽 **기준(criteria)**: 어떤 것을 평가하거나 측정하는 표본.

36쪽 **디자인 매트릭스(decision matrix)**: 가능한 대안을 평가하는 데 사용되는 표.

37쪽 **스토리보드(storyboard)**: 그림이나 이미지를 연속적으로 배열하여 액션이나 장면의 변화를 보여주는 도구.

37쪽 **손으로 그린(freehand)**: 자 같은 도구의 도움 없이 그린.

37쪽 **상호 작용(interaction)**: 부분들의 기능, 또는 부분과 전체의 기능 사이에 이루어지는 일정한 작용.

38쪽 **개선(refine)**: 작은 변화를 줌으로써 더 정확하게 만들고 향상한다.

38쪽 **비율(proportion)**: 전체 부분의 균형 잡힌 관계.

38쪽 **규모(scale)**: 사물이나 현상의 크기나 범위.

38쪽 **구조(layout)**: 어떤 일의 일부분이 배열되는 방식.

38쪽 **입체도(pictorial drawing)**: 물체를 실제로 보는 것과 같은 느낌이 나도록 물체를 그린 도안.

38쪽 **제도(technical drawing)**: 물체를 정확하고 구체적으로 그린 도안.

40쪽 **축소 모형(scale model)**: 원형을 같은 비율로 축소하여 만든 모형.

40쪽 **3D 프린터(3D printer)**: 다양한 재료로 길이, 폭, 높이를 가진 3차원 물체를 만드는 프린터.

42쪽 **리디자인(re-design)**: 기존 제품을 다시 쓸모 있게 만드는 것.

43쪽 **루프(loop)**: 끝에 도달하면 다시 시작으로 되돌아가는 과정.

2장

디자인 과정

우리가 사용하는 물건들은 쉽게 뚝딱 만들어지지 않는다. 매일같이 들여다보는 휴대폰이나 아이들이 가지고 노는 단순한 장난감을 만드는 데도 여러 전문가가 모여 몇 달에 걸쳐 노력해야지만 가능하다. 애플의 아이팟을 떠올려 보라. 아이팟 하나가 만들어지기까지 개발자와 디자이너 등 여러 전문가가 기획부터 제품 제작까지 상당한 시간을 보내야만 했다. 아주 작고 간단한 제품 하나를 만들더라도 오랜 시간 동안 여러 시행착오를 거쳐야만 한다.

제품을 만들기 위해서는 **시장 조사원**, 디자이너, 공학자, 마케팅 전문가 등 여러 사람이 함께 팀을 이뤄야 한다. 제품이 시장에 출시되기 오래전부터 여러 분야의 팀원들은 디자인 과정을 통해 함께 디자인을 만든다. 다양한 과정 중에서도 이번에는 디자인 과정을 살펴보자!

생각을 키우자!

디자인 과정에서 체크리스트를 만들어 사용하면 무엇이 좋을까?

⚙ 디자인의 첫걸음: 문제 파악하기

산업디자인은 단순히 미적인 가치만 추구한 디자인의 영역이 아니다. 일상생활 및 여러 전문 분야에서 알맞은 용도로 사용하게끔 크고 작은 문제를 해결하려는 시도다. 장난감이던 음악 재생장치이던 말이다. 따라서 디자인을 시작하기에 앞서 꼼꼼한 분석이 필요하다. 무엇이 문제인지부터 파악하고 어떻게 변화되어야 하는지까지 생각해야 한다. 우선 무엇이 문제인지 알아내기 위해 끝없이 조사해야 한다. 디자인 팀원들은 제품의 특성 및 소비자 요구를 꼼꼼하게 되짚어 연구하고 아래의 질문에 대답하며 문제를 파악한다.

☑ 무엇이 문제인가?

☑ 문제를 해결하기 위해 무엇이 필요한가?

☑ 그 문제는 왜 해결해야 하는가?

☑ 이전보다 효율적인가?

☑ 사용자에게 편리하고 알맞은가?

☑ 사용자들이 공감할 수 있는가?

☑ 사용자들이 가장 필요로하는 개선점은 무엇인가?

디자인 팀은 여러 방법으로 정보를 수집한다. 제품을 현재 사용하는 사람이나 사용할 마음이 있는 사람들과 이야기를 나누는 것도 하나의 방법이다. 사용자들에게서 후기를 듣고 문제점과 필수 조건에 대해 듣는다. 사용자는 무엇을 원할까? 사용자는 어떤 다른 제품을 사용할까? 사용자가 선택하지 않은 이유는 무엇일까?

❝ 일상생활 속에서 무엇이 문제인지, 그 문제는 어떻게 발생하는지 주의 깊게 관찰한다. ❞

정보를 모으기 위해 **유행**의 흐름을 파악하기도 한다. 마케팅이나 영업 부서에서는 사용자의 요구를 살펴보고 구매 후기를 수집한다. 또한 다른 경쟁사의 해결책도 살펴본다. 비슷한 문제에 대해 이미 존재하는 해결책은 무엇일까? 팀원들은 경쟁사의 상품이 같은 문제에 어떻게 대응했는지 조사한다.

 알·고·있·나·요·?

소비자들이 현재 디자인이 제시하는 해결책에 만족하지 못한다면, 그 이유가 무엇인지 알아내야 한다. 이는 과거 실수에 대한 귀중한 자료다.

⚙️ 디자인 필수 조건 정하기

일단 문제를 파악했다면, 해결책에 무엇이 포함되어야 하는지 생각해 보아야 한다. 적절한 해결책을 제시하려면 **디자인 필수 조건**을 파악하는 것이 무엇보다 중요하다.

예를 들어, 잘못 디자인된 반려견 목줄을 가정해 보자. 걸핏하면 끊어지고 금세 닳아버린다. 줄도 턱없이 짧아서 여러 마리를 산책시킬 때 여간 불편한 것이 아니다. 디자인 필수 조건을 만족시키는 편리한 반려견 목줄을 디자인하려면, 제품은 아래의 특징을 갖춰야 한다.

- 더 튼튼하고 **내구성** 있는 재료
- 여러 마리 연결 가능한 고리
- 현재 시장 가격보다 싸거나 비슷한 정도
- 길이 조절 가능한 목줄
- 보관 용이성

디자인 필수 조건은 크기, 가격, 재료, 기능성, 사용 편리성 같은 제품 특성 가운데 무엇이라도 될 수 있다. 디자인 필수 조건은 디자인이 문제를 해결하기 위해 꼭 필요한 조건들을 가리킨다. 문제를 해결하는 데 필요하지 않은 조건이라면? 그건 디자인 필수 조건이 아니다. 그리고 디자인 필수 조건은 반드시 실현 가능해야 한다. 만약 투명 인간처럼 눈에 보이지 않는 반려견 목줄을 만든다면 정말 멋질 것이다. 하지만 목줄을 투명하게 만드는 기술은 아직 없다. 실현할 수 없다면 디자인 필수 조건이 될 수 없다(한편, 기술적 개념에서 살펴보면 2018년 국내 기업 삼성전자는 스마트 웨어러블 기술을 활용한 '줄이 없는 반려견 전자 목줄' 특허를 취득한 바 있다 −편집자 주).

브레인스토밍 아이디어

새로운 아이디어가 떠오르지 않아 답답하다면, 아이디어를 떠올릴 묘안이 여기 있다. 우선, 비슷한 문제의 해결책은 무엇이 있는지 찾아보자. 앞선 해결책을 살펴보는 것만으로 창의적인 아이디어가 떠오를지도 모른다. 아이디어를 어떻게 다듬어야 할까? 두 개의 아이디어를 합쳐 하나의 더 좋은 아이디어로 발전시킬 수 있을까? 이런 물음들을 통해 새로운 콘셉트를 창출해낼 수 있다. 스케치를 해 보는 것은 어떨까? 새로운 아이디어가 떠오르고, 또 아이디어들을 시각적으로 연결할 수 있을지도 모른다. 아직 부족한 아이디어라도 쓱쓱 스케치하다 보면 새로운 실마리를 얻기도 한다.

⚙ 아이디어 떠올리기

    문제를 파악했고, 디자인 필수 조건도 정했다면 이제 문제 해결 아이디어를 떠올려야 할 차례다. 유능한 디자이너들은 가능한 많은 해결책을 브레인스토밍하여 그중 최고의 해결책을 고른다. 비록 터무니없어 보이는 아이디어라도 다른 아이디어와 연결하면 생각보다 근사한 결과로 이어질지도 모른다. 아이디어를 떠올리고 발전시키는 창의적인 활동 과정을 **아이데이션**이라고 부른다.

    아이디어를 많이 떠올리는 방법으로 그룹 브레인스토밍만 한 것이 없다. 제품 개발에 대해 팀원이 함께 모여 의논하기도 하고, 한 명씩 차례로 생각을 이야기하기도 한다. 디자이너는 익숙한 사고방식에 멈춰버리면 곤란하다.

알·고·있·나·요·?

다른 비슷한 제품을 잘 살펴보는 것도 디자인 필수 조건을 알아내는 하나의 방법이다. 기존 제품의 작동 방식과 기능을 분석하고 차별적 특징을 눈여겨보자.

    가장 중요한 것은 바로 기존의 틀에서 벗어나 다양한 상상을 하는 것이다. 처음부터 엄청난 아이디어를 떠올렸다 하더라도 멈추지 말고, 가능한 많은 아이디어를 브레인스토밍하라. 어떤 새로운 생각이 떠오를지는 아무도 모르기 때문이다.

⚙ 가장 좋은 아이디어 고르기

    이렇게 떠올린 아이디어를 모두 모아 디자인 해결책 후보 목록을 작성하고, 그중 가장 좋은 아이디어를 선택해 다듬고 발전시켜 보자. 각각의 해결책 후보들이 디자인 요구조건을 얼마나 만족시키는지 살펴보고, 디자인 필수 조건을 모두 만족시키지 않는 후보는 제외한다.

    이제 남아있는 해결책 후보들의 특징을 자세히 살펴보자. 이때 디자인 필수 조건에 포함되지 않지만 추가로 있다면 좋은 기능에 대해서도 고려해야 한다. 예를 들어, 반려견 목줄이지만 자동차 안전띠로도 사용할 수 있다면 이는 필수 조건은 아니지만, 추가로 있으면 좋은 조건이다.

    디자인 팀은 **보편적인** 디자인 **기준** 또한 고려해야 한다. 아래의 기준은 거의 모든 디자인에 적용 가능한 보편적인 기준이다. 여러 후보 가운데 최종 디자인을 채택할 때, 위의 사항을 모두 고려해야 한다. 가장 좋은 디자인은 한눈에 알아볼 수 있는 때도 있지만 좀처럼 눈에 띄지 않는 때도 있다. 특히 좋은 아이디어가 여럿일 때 선택하기란 여간 쉽지 않다. 이럴 때 디자이너들은 각 해결책 후보의 장단점을 목록으로 적어 하나하나 비교해 보기도 한다. 또는 디자인 필수 조건과 다른 기준들을 체크하고자 **디자인 매트릭스**를 이용해 해결책 후보를 비교할 수도 있다.

스토리보드를 만들자!

디자인 팀은 디자인 과정에서 **스토리보드**를 활용하곤 한다. 스토리보드는 그림이나 사진을 연속적으로 배열하여 영상, 웹사이트, 소프트웨어 프로그램, 사용자 경험 등의 시각적인 이해를 돕는다. 스토리보드는 사용자가 제품 또는 서비스와 어떻게 상호작용하는지 보여주고, 사용자의 경험을 세부적으로 나누어 분석하게끔 도와준다. 일반적으로 디자이너들은 제품 연구의 초기에 프로토타입을 만들 때나 최종 제품을 시연할 때 스토리보드를 사용한다.

- **우아함**: 단순하고 독창적인 디자인인가?
- **튼튼함**: 견고하고 튼튼한가?
- **미적 감각**: 보기에 좋은가?
- **비용**: 비용이 어느 정도인가? 제조사가 낼 수 있는 비용인가? 소비자가 이 비용을 낼 수 있는가?
- **자원**: 제작하는데 필요한 재료와 도구를 이미 갖추고 있는가? 그렇지 않다면 어떻게 공급할 것인가?
- **시간**: 제작 기간이 어느 정도인가?
- **기술**: 제작에 필요한 기술을 갖추고 있는가?
- **안전**: 제작, 사용, 보관, 처분할 때 안전을 담보할 수 있는가?

⚙ 해결책 다듬기

마침내 해결책 후보 가운데 하나를 선택했다면, 이제 아이디어를 다듬어야 한다. 제품 개발 과정의 주요 목표는 발견한 문제에 대한 사용 가능한 해결책을 도출하는 것이다.

디자인 해결책은 여러 방법으로 가다듬을 수 있다. 가장 흔히 사용되는 방법이 스케치다. 아이디어를 간단하게 그림으로 그려내 전반적인 윤곽을 제시할 수 있다. 일반적으로 **손으로 그린** 아이디어를 시각적 형태로 보여주기 때문에 다른 사람에게 보여주기도 쉽다. 디자이너들은 아이디어를 기록하고 누군가와 소통할 때 스케치를 활용한다. 또한, 각기 다른 부품들이 어떻게 **상호 작용**하는지 검토할 때도 스케치가 매우 유용하다.

디자이너들이 사용하는 스케치는 종류가 여러 가지다. 아이디어 스케치는 큰 틀을 대강 그리는 그림이다. 일반적으로 아이디어를 다듬는 초기 단계에 그린다.

66 아이디어 스케치는 2차원 평면 그림으로 디자인이 실제로 어떻게 보일지 그려낸다. **99**

디자인을 개발하는 과정에서 디자이너들은 스케치를 추가로 그려 이미지를 **개선**하고 제품의 외형, **비율**, **규모**, **구조** 등 구체적인 내용을 추가한다.

입체도는 디자인을 사진과 같이 자세하게 표현한 그림이다. **제도**는 제품의 실제 크기, 모양과 각각의 부품의 어떻게 작동하는지 보여준다. 이러한 스케치에는 제품을 제조하는데 필요한 모든 사항을 자세히 적어 넣는다.

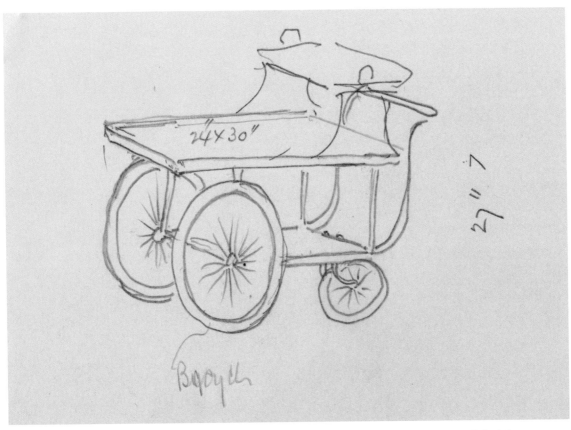

▲ 1900년 무렵에 그려진 아이디어 스케치. 서비스용 손수레의 발명 초기 단계에 그려졌을 것으로 추측된다.

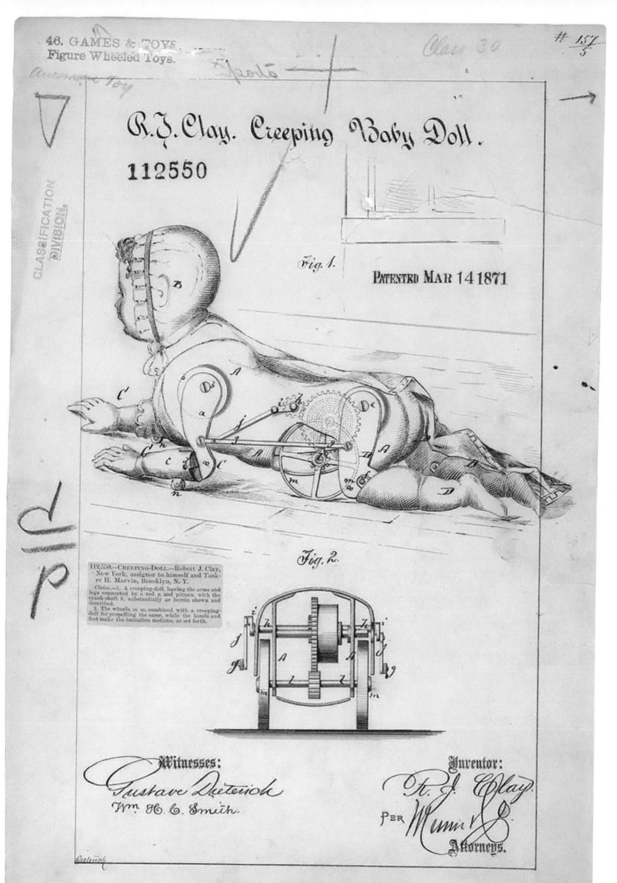

⚙ 모형 만들기

　디자인 개발 과정에서 중요한 일은 모형 만들기이다. 이 과정에서는 그림이나 그래픽 이미지가 아닌 물리적인 모형을 만들기도 한다. 실물보다 작게 만든 모형을 **축소 모형**이라고 한다. 축소 모형은 물체가 실제로 어떻게 보일지 미리 보여주고, 실제 크기의 제품을 만들 때 길잡이 역할을 하기도 한다.

　물론 특정 제품의 경우, 실물 크기의 모형이 필요하기도 하다. 디자인이 제대로 되어가는지 확인하기 위해 3차원 입체 모형으로 길이, 넓이, 깊이를 확인하는 것도 좋은 방법이다. 모형은 스티로폼이나 **3D 프린터**를 이용하여 만든다. 이때 모형을 이용하여 세부 사항을 다듬고 색상, 마감재, 표면 처리를 결정한다.

　한편, 컴퓨터로 모형을 만드는 제품들도 있다. 바로 비행기나 우주선과 같은 대형 제품이다. 이 대형 제품은 시간과 비용 문제로 인해 물리적인 모형을 만들기 어렵기에 컴퓨터 프로그램으로 가상 모형을 만든다. 컴퓨터 모형 또한 디자인 세부 요소들을 확인하고 변경하는 데 유용하다.

▼ 3D 프린터는 출력한 재료를 층층이 쌓아 올려 3차원의 입체 물품을 만든다.

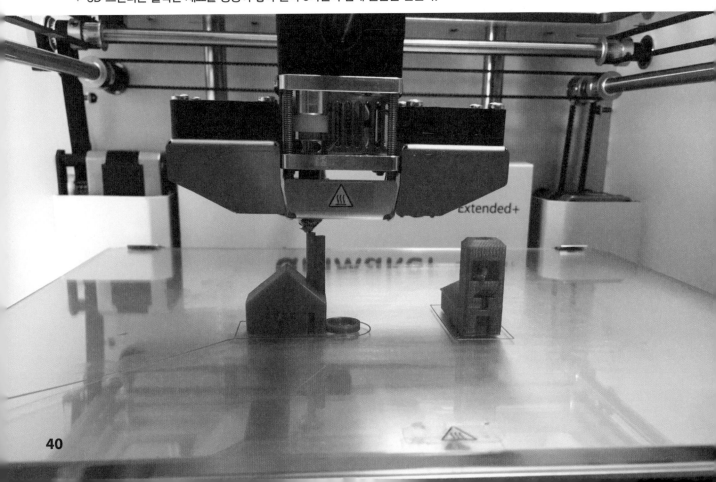

⚙ 프로토타입 만들기

디자인이 완성됐다면, 이제 프로토타입을 만들 차례다. 프로토타입은 상품화에 앞서 만드는 테스트 제품이다. 프로토타입으로 제품의 구조, 기능, 외형 등을 점검하고 그 결과를 다시 반영하기도 한다.

프로토타입은 실제 제품과 다른 재료로 만들어지기도 하고, 마무리 손질을 굳이 하지 않기도 한다. 그럼에도 불구하고 프로토타입은 디자인 과정에서 여전히 매우 중요하다. 신상품을 출시하기 전 각 회사마다 디자인 팀에서는 사전에 프로토타입으로 최종 제품이 어떻게 완성될지 추측하기 위해 테스트 단계를 거친다. 또한, 이 단계에서 만들어진 프로토타입을 가지고 실제 타깃층이 될 예비 사용자에게 피드백을 받기도 한다. 예비 사용자들의 피드백 과정, 그리고 디자이너들의 피드백 과정을 최종적으로 거친 뒤 실제 모형 제작에 들어간다. 결함 없이 제품이 생산될 수 있도록 하는 하나의 과정인 셈이다.

📐 알·고·있·나·요·?

프로토타입을 과연 몇 명에게 테스트하는 것이 좋을까? 많으면 많을수록 좋다! 사용자로부터 정보를 많이 받아야 더 좋은 제품을 개발할 수 있다.

> **❝ 프로토타입은 디자인이 최종 확정되기 전까지 정확성과 디자인 테스트를 위해 여러 번 만들어지기도 한다. ❞**

엔지니어가 프로토타입을 만들면, 디자인 개발 과정에 있어서 가장 중요한 단계를 시작할 준비를 마친 것이다. 이는 바로 제품 테스트와 **리디자인**이다. 제품 테스트는 제품이 의도한 대로 작동하는지 직접 살펴보는 일이다.

테스트 과정에서 사용자가 참여하는 것이 매우 중요하다. 사용자들은 제품이 어떻게 작동하는지에 대한 의견을 들려주고, 사용 후 호감이 있는지, 무엇이 추가로 필요한지 등을 알려준다. 예를 들어, 반려견 목줄의 프로토타입을 테스트할 때, 어떤 사람들에게 의견을 들어야 좋을까? 무엇보다 반려견을 기르는 사람들이 가장 좋은 의견을 줄 것이다. 또한, 다양한 견종의 견주들로부터 의견을 듣는다면 가장 좋을 것이다. 작은 개, 큰 개를 키우는 사람, 여러 마리 키우는 사람에게서 여러 유용한 정보를 얻을 수 있다. 의견이 많을수록 완벽한 피드백을 얻는다.

이 밖에도 사용자들이 제품을 실제로 사용하기 위해서 그와 비슷한 환경에서 테스트해 보는 것도 중요하다. 이를테면, 우산을 디자인했다면, 비 오는 날 테스트해보아야 효과적이다. 해가 쨍쨍 비치는 날 아무리 테스트 해도 소용없다. 해가 쨍쨍한 날 누가 우산을 쓰겠는가? 마찬가지로 웹사이트나 소프트웨어를 기획한다면, 사용자들은 컴퓨터나 스마트폰으로 테스트해봐야 한다.

▼ 새로 개발한 웹사이트를 테스트할 때, 화면이 어떻게 보이는지 여러 기기에서 확인한다.

다른 영역에서도 마찬가지다. 축구 프로그램을 새롭게 디자인한다면, 축구장, 지도자 등에 대한 피드백을 듣기 위해 사용자가 직접 경험하게 해야 한다. 실제 사용자가 실제 사용 환경에서 테스트함으로써 개발자는 어떻게 프로그램이 작동하는지에 대한 가장 좋은 정보를 얻을 수 있다.

디자인을 테스트할 때, 사용자와 디자인 상호 작용을 주의 깊게 살펴봐야 한다. 사용자가 제품을 어떻게 사용하고 환경을 어떻게 경험하는가? 무엇을 하고 어떻게 반응하는가? 사용하며 당황해하는 지점이 있는가?

> **사용자의 반응을 꼼꼼하게 살펴보면 리디자인에 필요한 귀중한 정보를 얻을 수 있다.**

디자인을 테스트하며 같은 단계를 계속 반복하기도 한다. 이를 **루프**라고 한다. 사용자가 제품을 사용하며 문제를 발견하고 보고하면, 디자이너들은 이를 바탕으로 수정하고 리디자인한다. 리디자인 과정이 끝나면, 리디자인된 제품을 다시 사용자가 테스트한다. 지루한 과정으로 느껴지겠지만, 테스트하고 리디자인하는 과정을 여러 번 거칠수록 디자인의 완성도가 높아진다.

디자인 체크리스트

산업디자이너들은 제품을 만들 때 아래의 항목을 고려한다.

>> **기능**: 제품을 보았을 때 어떤 일을 하는지 알 수 있는가? 많은 산업디자이너들이 사물의 형태를 보면 그 기능을 알 수 있다고 말한다.

>> **사용성**: 제품이 사용자가 사용하기에 편리한가? 디자이너는 예상 사용자의 나이 및 신체 조건에 맞춰 제품을 디자인한다.

>> **인체 공학**: 효율적이고 안전한 디자인 및 배치를 연구하는 학문이다. 디자이너는 인체 공학을 고려하여 사용자가 쉽고 편리하며 안전하게 물건을 사용할 수 있도록 디자인한다.

>> **미적 감각**: 형태, 색채, 질감을 신중하게 골라 사용자의 미적 취향에 호소한다. 시대에 따라 미적 기준도 변하는데, 1970년대 유행하던 체크 무늬 바지는 이제 어디에서도 찾아보기 힘들다.

>> **친환경 디자인**: 디자이너는 물건이 환경에 미치는 영향에 대해 고민한다. 친환경 디자인은 안전하고 재생 가능한 재료를 사용하고 에너지 효율을 높인 디자인을 말한다.

⚙️ 제품 출시

디자인 개발 과정을 모두 마쳤다. 이제 제품의 출시를 기다릴 차례다. 디자인 팀은 디자인 세부 사항을 제조 공장에 전달하고 공장에서는 제품을 생산한다.

디자인 팀은 판매 및 마케팅 전문가와 협력하여 새로운 상품을 홍보한다. 소셜 미디어, 웹사이트, 홍보물, 이메일 캠페인을 통해 신제품 출시 소식을 알리기도 한다. 디자인 과정에는 디자인, 공학, 마케팅, 제조 등 다양한 분야의 전문가들이 참여하여 문제를 해결하고 제품을 생산한다.

다음 장에서는 이러한 과정을 통해 탄생한 제품을 살펴볼 것이다. 세상을 뒤바꾼 엄청난 제품들이다.

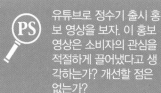

🔍 **PS** 유튜브로 정수기 출시 홍보 영상을 보자. 이 홍보 영상은 소비자의 관심을 적절하게 끌어냈다고 생각하는가? 개선할 점은 없는가?

🔎 플로워터 홍보 영상

최신 디자인

최신 디자인을 살펴볼 수 있는 웹사이트를 방문해 보자. 관심 있는 디자인 제품을 클릭하면 디자인 초기 단계의 스케치와 콘셉트에 대한 설명을 함께 볼 수 있다. 어떤 디자인은 왜 초기 스케치와 최종 디자인이 큰 차이를 보이는가? 어떤 디자인은 왜 초기 스케치와 최종 디자인이 큰 차이 없이 동일하게 유지되는가? 초기 단계에서의 디자인이 최종 제품에 대한 선명한 이미지를 가지는 것이 얼마나 중요한가?

🔎 coroflot.com

🌱 **생각을 키우자!**

디자인 과정에서 필수로 넣어야하는 체크리스트는 무엇이 있을까?

문제 파악하기

산업디자인은 문제를 해결하여 제품으로 출시하는 것이다. 예를 들어, 어딘지 모르게 불편한 의자나 고기가 잘 찍히지 않는 포크를 해결하는 디자인인 것이다. 우리 주변의 크고 작은 문제들도 디자인으로 해결할 수 있을까?

1> **우리 주변에서 불편한 물건을 찾아 목록을 작성하자.** 아주 작고 보잘것없어 보일지라도 모두 디자인 공책에 적어 보자!

   * 마구 엉킨 이어폰 줄　　　　　　　　 * 자꾸 떨어지는 휴대폰

   * 흙먼지가 묻은 운동화 끈　　　　　　 * 고장 난 키보드

2> **불편한 사물의 목록을 작성했다면, 각각을 관찰하자.** 현재로선 해결책이 없는 물건이 무엇일까? 해결책이 있지만 만족스럽지 않은 물건은 무엇일까? 해결하고자 하는 문제점을 짚어 보자.

3> **문제를 발견했다면, 무엇이 문제인지 확실하게 써 보자.** 문제점을 확실하게 정리해두면 디자인의 목표를 정확하게 정할 수 있다. 아래의 질문에 답해보자.

   * 문제는 무엇인가?

   * 어떤 점이 문제를 일으키는가?

   * 왜 문제를 해결해야 하는가?

4> **위 질문에 대한 답을 다음처럼 문장으로 표현해 보자.** '○○는 ○○가 필요하다. 왜냐하면, ○○○하기 때문이다.' 예를 들면, 어린 학생들은 헤드폰을 보관할 방법이 필요하다. 왜냐하면, 헤드폰 줄이 항상 꼬이기 때문이다, 라고 말이다. 이제 해결하고자 하는 문제를 문장으로 풀어내 보자.

이것도 해 보자!

산업디자이너들은 저마다 다른 사람의 요구를 어떻게 디자인에 반영하는 걸까?

사전 조사하기

디자인 과정 초반에 문제 해결책에 대해 가능한 많이 조사하는 것이 좋다. 사전 조사를 하면 다른 사람들의 경험과 실수를 통해 같은 실수를 하는 일을 피할 수 있다! 타사의 제품이 어떻게 문제를 해결했는지 배우기도 하고, 사용자에게 직접 그들의 요구를 듣기도 한다.

1〉 사전 조사를 계획하기 위해 아래의 사항 고려하자.

* 이미 알고 있는 것은 무엇인가? 발견한 문제와 같은 혹은 비슷한 문제를 해결한 제품은 무엇인가? 각각의 장단점에 대해 알아보자.

* 디자인의 잠재 고객은 누구인가? 그들은 왜 이 디자인에 관심을 가질까?

* 미래 고객에게 어떤 질문을 던지고 싶은가? 무엇을 알고 싶은가?

* 고객이 중요하게 생각하는 특징은 무엇인가?

* 어떻게 해야 이미 존재하는 디자인을 향상할 수 있을까?

2〉 이제 필요한 정보의 종류를 알아냈으니, 정보를 모아보자. 아래의 사항을 통해 사전 조사해 보자.

* 사용자 관찰하기

* 온라인 및 오프라인 자료 조사하기

* 기존 제품 검토 및 분석하기

3〉 사전 조사 내용을 디자인 노트에 기록하자.

이것도 해 보자!

사전 조사로 얻은 정보는 디자인에 어떤 영향을 미쳤는가? 어떤 정보가 가장 유용했는가? 왜 그럴까? 가장 놀라운 정보는 무엇이었는가? 사전 조사 없이 디자인했다면 어떤 디자인이 탄생했을까? 최종 디자인은 성공적인가?

브레인스토밍과 스케치하기

좋은 디자이너는 가능한 많은 해결책을 머릿속에 떠올리고 그중 하나를 고른다. 이렇게 아이디어를 떠올리고 발전시키는 과정을 아이데이션이라 부른다. 아이디어를 떠올리기 위해 디자이너들은 기존 제품이 어떻게 문제를 해결했는지 하나하나 뜯어보며 연구한다. 그런 뒤 자신만의 아이디어를 찾아 브레인스토밍하고 스케치한다.

1> **이제 이전 탐구 활동에서 찾아낸 문제점을 해결해 보자.** 아이디어 과정을 찬찬히 들여다보고 가능한 많은 해결책을 떠올려보자. 아이디어는 한순간에 반짝 떠오르는 것이 아니다. 어쩌면 디자인 프로세스에서 가장 시간이 오래 걸리는 과정일지도 모른다. 그러니 한 번에 완벽한 해결책을 찾으려 애쓰지 말라. 다음날 새로운 마음으로 문제를 바라보면 새로운 아이디어가 떠오를지도 모른다.

2> **해결책 후보를 평가하고, 가장 좋은 해결책을 골라보자.** 디자인 필수 조건을 많이 충족하는 아이디어가 좋은 해결책이 될 수 있다. 만약 아이디어가 디자인 필수 조건을 충분히 충족하지 못한다면 지워 버리자.

3> **가장 좋은 해결책을 찾았다면, 아이디어를 발전시켜 보자.** 아이디어를 간단한 스케치로 그리고 세부 사항을 추가하며 아이디어를 다듬어라. 스케치에는 치수 및 기타 사항도 함께 적는 것이 좋다. 아이디어의 최종 버전은 모든 특징을 상세히 적어 넣어 자세히 스케치하라.

이것도 해 보자!

어떤 디자이너들은 개발 과정에서 제품과 사용자의 상호 작용을 스토리보드로 보여주기도 한다. 디자인 아이디어를 스토리보드로 만들어 보자. 스토리보드는 어떤 도움을 주었는가?

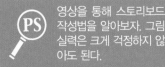 영상을 통해 스토리보드 작성법을 알아보자. 그림 실력은 크게 걱정하지 않아도 된다.

제퍼슨 미디어 스토리보드

디자인 필수 조건 정하기

산업디자인에서 디자인 필수 조건은 아주 중요하다. 디자인 필수 조건을 충족시키지 못하면 디자인이 실패한 것이나 다름없다. 그러므로 디자인 과정 초기에 '그냥 괜찮은' 조건이 아닌 '꼭 필요한' 조건을 잘 정해야 한다.

1> **문제를 해결하기 위해 꼭 필요한 조건은 무엇일까?** 이 질문에 대한 답이 바로 디자인 필수 조건이다. 물건을 디자인할 때, 더 편리한 물건을 만드는 것이 해결해야 할 문제인 경우가 종종 있다. 문제를 문장으로 정리한 뒤 질문을 시작해 보자. 문제를 정리한 문장의 사례는 이전 탐구 활동을 참고하자.

2> **문제를 문장으로 정리해 보자.** 어린 학생들은 헤드폰을 보관할 방법이 필요하다. 왜냐하면, 헤드폰 줄이 항상 꼬이기 때문이다. 아래 문장에서 소비자의 요구와 디자인 필수 조건이 무엇인지 찾아보자.

> * 소비자 요구: 헤드폰을 보관할 도구
> * 디자인 필수 조건: 줄이 꼬이지 말아야 한다.

3> **소비자 요구 사항을 파악했다면 이렇게 질문해 보자.** 이런 요구에 응하기 위해 가장 필요한 것은 무엇인가?

4> **디자인 공책에 소비자 요구 사항을 나열해보고, 이러한 요구를 만족시키는 조건이 무엇인지 표로 작성해 보자.** 소비자 요구를 만족시키는 조건들이 곧 디자인 필수 조건이다.

5> **제품의 물리적 조건은 무엇인가?** 이에 대한 답 또한 디자인 필수 조건이 될 수 있다. 예를 들어, 문제가 뒤엉킨 헤드폰 줄이라면 그 문제의 물리적 조건은 책상 위에 놓을 수 있을 정도로 작아야 하고, 가방에 넣을 수 있을 정도로 가벼워야 한다는 점이다.

6> 디자인 해결책에 대한 다른 필수 조건은 무엇일까? 물리적 필수 조건이 아니더라도 만족스러운 제품을 만들기 위해 꼭 필요한 조건이 있을지도 모른다. 비용이나 제품 제작 시간 같은 조건이 그것이다.

7> 비슷한 문제를 해결한 다른 제품은 이미 존재하는가? 예를 들어, 헤드폰 줄을 보관하거나 엉킨 줄을 푸는 도구가 이미 있는가? 있다면, 그 제품들을 조사해 보자.

> * 조사한 제품의 각 구성 요소는 어떤 기능을 수행하는가?
> * 어떤 구성 요소가 문제를 해결하는지 분석하여 디자인 필수 조건 목록에 추가하라.
> * 경쟁 제품에는 없는 나만의 해결책이 있는가?

8> 디자인 필수 조건에 꼭 포함되어야 할 사항이 있는가? 왜 포함해야만 하는가?

9> 디자인 공책에 디자인 필수 조건과 조사 내용을 모두 기록하라.

이것도 해 보자!

제품이 아닌 과정에 대한 디자인 필수 조건은 어떻게 다른가? 비슷한가?

프로토타입 만들어 테스트하기

프로토타입은 디자인을 점검하기 위해 만든다. 그리고 실제 제품을 제작할 때 길잡이가 되기도 한다. 프로토타입은 최종 제품과 다른 재료로 만들어지기도 하고, 공들여 마무리하지 않기도 한다. 하지만 이런 프로토타입으로도 충분히 사용자 반응을 테스트해 볼 수 있다.

1〉 **골판지, 종이, 포스터 보드, 폼 보드, 테이프, 풀 등을 이용해 프로토타입을 만들어 보자.** 주위를 둘러보면, 더 많은 재료를 구할 수 있을 것이다.

2〉 **디자인대로 프로토타입을 제작하라.** 프로토타입은 최종 제품이 아니라는 점을 명심하라.

   * 어떤 재료를 선택했는가? 선택한 이유는 무엇인가?
   * 프로토타입은 최종 제품과 비슷한가?
   * 프로토타입과 최종 제품이 어떻게 다른가?

3〉 **프로토타입을 테스트하라.**

   * 테스트한 결과는 어떠한가?
   * 프로토타입은 어떻게 작동하는가?
   * 프로토타입은 디자인 필수 조건을 만족시키는가?

4〉 **프로토타입을 수정하여 다시 테스트하라.** 이를 통해 피드백을 수집하고 리디자인하라. 예비 사용자들은 어떤 점을 좋아하는가? 어떤 점을 싫어하는가? 이 단계는 종종 여러 번 반복된다.

이것도 해 보자!

디자인 과정에서 테스트와 리디자인이 중요한 이유는 무엇일까? 디자인 테스트 없이 곧바로 제품을 제작하면 어떤 일이 생길까?

마케팅 계획 세우고 제품 출시하기

드디어 제품 디자인 과정의 마지막, 제품 출시 단계에 도달했다! 소비자에게 제품을 소개하고 그들의 구매욕을 자극해 보자.

>> **이제 제품 판매를 위한 마케팅 계획을 세워 보자.** 마케팅 계획에는 아래 사항이 포함되어야 한다.

* 제품 설명 글
* 제품 테스트 및 사용자 피드백을 적은 글
* 경쟁 제품이 갖추지 못한, 차별적인 특징을 드러내는 판매 제안서. 차별적인 특징으로는 가격, 품질, 크기, 색상 등이 있다.
* 사용 설명서
* 대상 고객과 홍보 방안. 대상 고객들은 어떤 장소에 가는가, 어떤 텔레비전 쇼를 보는가, 어떤 잡지를 읽는가, 그리고 어떤 웹사이트를 방문하는가?
* 광고안을 포함하여 제품을 홍보할 구체적인 계획

이것도 해 보자!

제품을 하나 골라 그 제품의 마케팅 방안을 조사해 보자. 마케팅이 성공적이었다면, 그 비결을 밝혀 보자. 실패했다면, 그 또한 원인을 밝혀 보자. 마케팅 전략 가운데 어떤 점을 개선하면 더 좋은 결과를 끌어낼 수 있을까?

54쪽 **배설물(waste)**: 생물체의 물질대사에 의하여 밖으로 배설되는 물질.

54쪽 **중세(medieval)**: 유럽 역사에서 약 350년에서 약 1450년 사이의 기간.

54쪽 **요강(chamber pot)**: 방에 두고 오줌을 누는 그릇.

54쪽 **변소 방(garderobe)**: 변기로 쓰는 작은 방, 바닥에 구멍을 뚫고 그 위로 판자를 덧댔다.

55쪽 **물통(cistern)**: 물을 저장하는 통.

55쪽 **하수구(sewer)**: 더러운 물을 빼내는 곳.

55쪽 **위생(sanitation)**: 건강에 유익하도록 조건을 갖추거나 대책을 세우는 일.

55쪽 **오염(contamination)**: 더럽게 만들다.

55쪽 **의뢰하다(commission)**: 남에게 부탁하거나 지시하다.

55쪽 **볼 코크(ballcock)**: 물이 빠져나간 뒤 자동으로 물통을 채우는 밸브.

56쪽 **니크롬(Nichrome)**: 니켈과 크롬의 합금.

56쪽 **놀 플래닝 유닛(Knoll Planning Unit)** : 플로렌스가 놀에 만든 부서로 가구뿐 아니라 가구가 놓여 있는 사람들이 생활하는 환경을 고려하여 제품을 디자인함.

58쪽 **마이크로칩(microchip)**: 실리콘 같은 재료로 만든 아주 작은 컴퓨터 작동 회로.

58쪽 **조작(maneuver)**: 기계 따위를 일정한 방식에 따라 다루어 움직임.

58쪽 **볼 베어링(ball bearing)**: 바퀴와 고정축 사이의 마찰을 줄이기 위해 사용하는 작은 금속 공.

58쪽 **마찰(friction)**: 한 물체 또는 한 표면이 다른 표면 위로 이동할 때 발생하는 저항.

60쪽 **테라코타(terracotta)**: 건물, 도자기, 조각의 재료로 쓰이는 흙.

61쪽 **설화 석고(alabaster)**: 조각에 사용되는 부드러운 광물 또는 돌.

61쪽 **파피루스(papyrus)**: 이집트에서 파피루스 풀 줄기의 섬유로 만든 종이.

61쪽 **화석 연료(fossil fuel)**: 생물체의 잔해로부터 오랜 시간에 걸쳐 생성되는 석탄, 석유, 가스 같은 천연연료.

61쪽 **인화성(flammable)**: 쉽게 불이 붙는 성질.

61쪽 **탄화(carbonized)**: 탄소로 뒤덮인.

61쪽 **필라멘트(filament)**: 아주 가는 실 또는 전선.

62쪽 **메짐성(brittleness)**: 잘 부서지고 망가지는 현상.

62쪽 **정제(purification)**: 청결하고 순순한 것으로 만들다.

62쪽 **부산물(byproduct)**: 주산물의 생산 과정에서 더불어 생기는 물건.

63쪽 **대표적인, 상징적인(iconic)**: 특정 시기를 대변하는 상징.

63쪽 **합판용 판자(veneer)**: 얇은 장식용 나무 덮개.

63쪽 **오토만(ottoman)**: 덮개를 씌운 낮은 발판.

68쪽 **절약(conservation)**: 자원을 아껴 씀.

68쪽 **에너지 효율성(energy efficient)**: 에너지를 적게 사용하며 같은 결과를 제공함.

3장

산업디자인은 어떻게 세상을 바꿨을까?

정말이지 멋진 캠핑이었어!

맞아. 아주 재밌었어.

내가 전에 했던 말 기억나? 산업디자인이 왜 중요한지 모르겠다고 했잖아.

아, 맞아. 기억나.

휴대폰, 수돗물, 화장실 없이 일주일을 지내 보니까...

산업디자인이 얼마나 중요한지 알겠더라고!

우리에게 친숙한 산업디자인의 결과물에는 무엇이 있을까? 토스터로 식빵을 구운 적이 있는가? 화장실에서 변기 물을 내려 보았는가? 엘리베이터를 타 본 경험이 있는가? 그렇다. 우리가 사용하는 평범한 물건 모두가 산업디자인의 결과물이다! 이처럼 산업디자인은 문제를 해결하고 더 좋은 방법을 찾아낸 것이다.

우리 생활에 없어서는 안 될 중요한 제품들이 많이 있다. 사실, 일상생활에서 생각지도 못한 제품들이 모두 산업디자인의 결과물인 경우가 많다. 대표적으로 변기 역시 그중 하나다. 수세기에 걸쳐 발전을 거듭해온 디자인이 없었다면, 오늘 날 집에 화장실도 없었을지 모른다. 이제부터 제품들의 디자인 과정을 자세히 살펴보자.

생각을 키우자!

디자이너들 사이에는 어떤 공통점이 있을까?

⚙ 처음으로 물을 내리다

화장실이 없는 집을 상상해본 적이 있는가. 하지만 실제로 인류는 수 세기 동안 화장실 없는 집에서 살았다. 실내 화장실이 생기기 전에는 사람들은 여러 방법으로 **배설물**을 처리해왔다. 집 밖에 따로 변소를 설치하거나 으슥한 곳에서 슬쩍 실례하기도 했다. 컴컴한 밤이나 춥고 비 오는 날에는 몹시 불편한 방법이었다.

중세 영국에서, 사람들은 침대 밑에 작고 오목한 그릇을 두어 **요강**으로 사용했다. 매일 요강을 비워야 했고 이따금 요강 내용물을 창밖에 난 길로 버리기도 했다. 창밖에 길을 걷던 사람에겐 때아닌 날벼락이었음이 틀림없다!

호수로 둘러싸인 커다란 성에는 작은 **변소 방**을 두었다. 건물 밖으로 툭 튀어나오게 작은 방을 만들어 바닥에 구멍을 뚫었다. 용변은 구멍을 통해 그대로 건물 밖 호수로 떨어져 내렸다. 런던에는 공용 변소방을 두어 용변이 호수가 아닌 템스강에 떨어졌다. 이 모든 방법은 불편하고 냄새나며 비위생적이었다.

▼ **영국 더비셔 주 캐슬턴 지역에 있는 페벌라일 성의 변소 방.**   출처: Dave.Dunford

16세기 동안 영국의 존 해링턴 경(1561~1612)이 초기 화장실을 디자인하여 이러한 문제를 해결했다. 해링턴의 디자인은 많은 양의 물을 위에서 흘려보낼 **물통**과 깊고 오목한 그릇을 사용했다. 그는 할머니인 엘리자베스 1세(1533~1603)를 위해 실제와 똑같이 작동하는 모형을 만들었다. 하지만 이는 대중에게 큰 호응을 얻지 못했다.

이로부터 2세기가 지나고 스코틀랜드의 시계공 알렉산더 커밍(1731~1814)이 최초의 수세식 변기를 개발했다. 좌석보다 높은 곳에 물통을 두고 체인을 당겨 물을 내리는 방식이었다. 커밍은 또한 **하수구** 악취가 역류하는 것을 막는 S자 파이프를 개발했다.

19세기가 되면서 영국 인구가 늘어감에 따라 **위생**이 심각한 문제로 떠올랐다. 공중화장실이 특정 장소에 집중되면서 하수가 길이나 강으로 흘러 들어가 식수를 **오염**시켰다. 콜레라와 같이 물에 의해 전염되는 질병으로 수천수만 명의 사람이 죽어갔다. 문제를 해결하기 위해 영국 정부는 새로 건축하는 집의 경우 반드시 수세식 변기를 설치하도록 규제했다. 또한, 배설물 처리를 위한 런던 하수 시스템의 구축을 **의뢰**했다. 도시들이 새로운 화장실 및 위생 시스템을 도입함에 따라 물에 의해 전염되는 질병으로 인한 사망률이 급격하게 떨어졌다.

이후 수년 동안 화장실 디자인은 계속해서 변했다. 19세기 후반, 토마스 크래퍼(1836~1910)는 최초로 상업용 수세식 변기를 만들어 큰 호응을 얻었다. 그는 물통의 수위를 자동으로 조절하는 장치인 **볼 코크**를 발명했다. 이 볼 코크는 현재에도 여전히 사용되고 있다. 오늘날 변기 디자인은 물통 위치가 낮아지면서 변기 내부로 들어가게 개선된 것이다. 이로 인해 수세식 변기의 설치와 관리가 쉽고 편리해졌다. 환경에 대한 관심이 높아지면서, 물을 적게 사용하고 고장이 적은 효율적인 수세식 변기가 개발됐다.

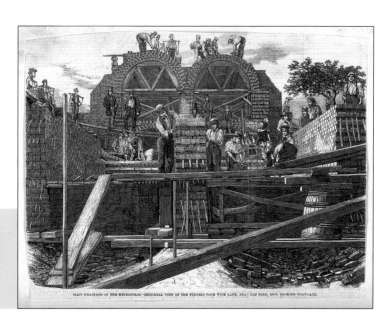

영국 런던의 올드 포드 지역에 거대한 하수 터널을 세우는 모습을 담은 19세기 목판화.
출처: Wellcome Collection. (CC BY 4.0)

오늘날에도 변기 디자이너들은 끊임없이 최적의 형태와 사용자 편의를 추구한다. 디자이너들의 노력 덕분에 이제 화장실은 언제든지 마음 편히 찾을 수 있는 장소가 되었다.

⚙️ 토스터로 토스트 만들기

오늘날 우리가 "토스트와 스크램블 에그 먹을까?"라고 말할 수 있는 이유는 토스터가 있기 때문이다. 토스터는 단 몇 분 만에 식빵을 노릇노릇하게 구워낸다. 하지만 빵을 굽는 일이 항상 쉬웠던 것은 아니다. 토스터가 발명되기 이전, 사람들은 빵 조각을 꼬챙이에 꽂아 손에 쥐고 화덕이나 난로 위에서 구워야 했다. 정말이지 번거로운 일이었다. 게다가 번번이 빵을 태워 먹기 일쑤였다.

1900년대 초, 미국의 공학자 앨버트 마시(1877~1944)는 니켈과 크롬을 섞은 합금, **니크롬**을 만들어 냈다. 마시가 만든 합금으로 낮은 양의 전류를 흐르게 하는 전선을 만들 수 있었다. 디자이너들은 이 새로운 재료를 활용하여 전기 토스터를 만들었다.

플로렌스 놀

1917년 미국 미시간 주 새기노에서 태어난 플로렌스 슈스트 놀은 제2차 세계 대전 이후 미국에서 가장 영향력 있는 디자이너 중 한 명이다. 가족과 친구들 사이에서 "슈"라고 불렸던 그는 고등학교 시절 디자인에 관심을 두었고 대학교 시절 건축학을 전공했다. 1941년 뉴욕으로 옮겨와 독일에서 온 가구 제작자 한스 놀을 만났다. 그는 현대적인 가구 회사, 한스 놀 가구 회사를 세웠으며 플로렌스 놀은 이 회사의 실내장식 전문가로 일했다. 이후 한스 놀과 결혼하여 놀 어소시에이츠(Knoll Associates)로 회사명을 변경하여 가구 사업을 확장했다.

놀은 **'놀 플래닝 유닛'**(Knoll Planning Unit)을 만들었다. 회사 사무실의 실내장식을 디자인하기 위해, 고객과 직접 만나 이야기 나누며 요구 사항을 파악하고, 회사의 조직 구성을 반영하여 종합적으로 실내장식을 디자인했다. 놀은 플래닝 유닛과 함께 투박한 가구로 꾸며진 전통적인 사무실들을 가볍고 현대적인 디자인으로 탈바꿈시켰다. 놀은 효율성이라는 콘셉트로 공간을 설계했고 IBM, 제너럴 모터스, CBS 등 큰 기업의 사무실 실내장식을 도맡았으며 또한 가구도 디자인했다. 1955년 한스 놀이 사망한 이후 플로렌스 놀이 회사를 이끌었으며 1960년 회장직을 사임하고 디자인 디렉터 역할을 현대 기업 디자인에 많은 기여를 했던 놀은 1965년에 회사에서 은퇴했다.

1909년 제너럴 일렉트릭(GE)이 전기 토스터를 선보였다. GE 토스터는 전선을 감은 빵 받침대로 이루어졌다. 뜨겁게 달궈진 전기 코일이 감긴 받침대에 빵 조각을 끼워 넣어 빵을 구웠다. 한쪽 면이 다 구워지면 뒤집어 다른 면을 구워야 했다. GE 토스터는 상업적인 성공을 거뒀지만, 완벽하진 않았다. 빵을 제때 뒤집어주지 않으면 빵이 덜 구워지거나 새까맣게 타버렸다. 게다가 토스터 온도를 조절하는 기능도 없었다. 이 단점으로 인해 빵이 쉽게 타버리곤 했다.

십 년 뒤, 걸핏하면 식빵을 까맣게 태워버리는 토스터에 실망한 미국의 기계공 찰스 스트라이트(1878~1956)는 이 문제를 해결하기로 마음먹었다. 그의 디자인에는 스프링과 타이머가 추가됐다. 타이머로 일정 시간이 지나면 가열을 멈췄고, 스프링으로 다 익은 빵을 밀어 올렸다. 스트라이트는 1919년 자신이 만든 토스터의 특허를 취득했다. 그로부터 7년 뒤인 1926년에야 비로소 대중에게 토스트마스터라는 이름으로 판매를 시작했다. 이후 1930년 식빵 슬라이서가 등장하자 토스트마스터는 그야말로 날개 돋친 듯 팔려나갔다. 식빵 굽기가 이토록 쉬웠던 적이 없었다.

❝이내 토스터는 미국의 필수 가전제품이 됐다.❞

▲ 이런 기계로 빵을 구웠다는 사실이 믿어지는가?
국립 미국사 박물관에 전시된 1940년경에 만들어진 제너럴 일렉트릭 모델 D-12.

토스터는 계속해서 진화했다. 오늘날 토스터는 **마이크로칩**을 사용하여 빵의 종류에 따라 굽기 정도를 조절한다. 두꺼운 빵을 넣을 수 있도록 빵 투입구의 넓이를 넓힌 모델, 빵 여러 개를 한꺼번에 굽기 위해 빵 투입구를 6개까지 늘린 모델도 나타났다. 그렇다면 앞으로 토스터를 어떻게 더 개선할 수 있을까?

⚙ 스케이트 디자인

디자인은 하나로 고정되지 않는다. 디자이너들은 기존 제품을 수정하고 기능을 추가한다. 그리하여 제품은 끝없이 그 기능과 형태가 변한다. 롤러스케이트의 디자인이 어떻게 변했는지 살펴보자.

수백 년 동안 스칸디나비아반도의 사람들은 아이스 스케이트로 꽝꽝 얼어붙은 운하나 호수 위를 이동했다. 1700년대 초반, 한 네덜란드인이 여름에도 스케이트를 탈 방법을 고민하다가, 신발에 나무로 만든 실감개를 못으로 고정해 땅 위에서도 탈 수 있는 스케이트를 발명했다.

1760년경 벨기에 발명가 조셉 멀린(1735~1803)은 금속 바퀴가 달린 스케이트를 디자인했다. 이는 기존 나무 바퀴 스케이트가 가진 내구성 문제를 해결했다. 1819년 프랑스 발명가 페티블레딘이 바퀴가 4개 달린 나무 밑창을 신발에 끼우는 형식의 롤러스케이트를 만들어 냈다.

이 스케이트들은 일직선으로 쭉 내달리기에는 좋았지만, **조작**이 쉽지 않고 회전이 어렵다는 단점이 있었다. 이런 문제들을 해결하고자 1863년 미국의 제임스 플림프턴(1828~1911)이 우리에

1910년 롤러스케이트를 신고 있는 청년의 모습. 오늘날의 롤러스케이트와 어떻게 다른가?
출처: George Grantham Bain Collection, Library of Congress

게도 익숙한 형태의 새로운 롤러스케이트를 개발했다. 바퀴가 앞뒤로 한 쌍씩 달려 있었다. 바퀴에는 고무 스프링이 달려 스케이트를 타고 앞뒤로 움직일 수 있었고, 회전 또한 가능했다. 이런 종류의 스케이트 디자인은 재빠르게 생산의 표준이 되면서 널리 퍼졌다.

시간이 흐르며 디자이너들은 롤러스케이트의 디자인에 변화를 주었다. 초기 스케이트들은 무겁고 바퀴가 잘 돌아가지 않았다. 1880년대 핀 **볼 베어링** 바퀴를 사용하면서부터 스케이트는 좀 더 가벼워졌다. 볼 베어링의 **마찰** 또한 줄여서 스케이트 바퀴가 빠르고 부드럽게 돌아가게끔 했다.

또 다른 문제도 있었다. 당시 스케이트는 일반적으로 신발에 가죽끈을 사용했는데, 이 가죽끈이 걸핏하면 끊어지곤 했다. 디자이너 E. H. 바니(1835~1916)는 이러한 문제를 해결하기 위해 스케이트에 쇠 집게를 달아 신발에 부착하고 태엽 감개로 꽉 조여 고정시켰다. 또 다른 디자인으로 금속판에 바퀴를 단 스케이트 부츠도 등장했다.

1970년대, 움직임이 부드럽고 편안한 플라스틱 바퀴가 큰 인기를 끌었다. 1980년대 미국 미네소타 출신의 올슨 형제, 스콧 올슨(1960~)과 브레넌 올슨(1964~)은 여름 훈련을 위해 하키 부츠를 고쳐 사용하기로 마음먹었는데, 그들은 플림프턴의 디자인이 아닌 바퀴를 일렬로 죽 달아놓은 낡은 롤러스케이트에서 문제 해결의 실마리를 얻었다.

> **66** 올슨 형제는 낡은 인라인스케이트와 최신 재료를 절묘하게 한데 모았다. **99**

아이스하키 부츠에 폴리우레탄 바퀴를 인라인스케이트처럼 한 줄로 부착했다. 올슨 형제는 그들이 만든 스케이트를 '롤러블레이드'라고 불렀고, 1983년에 세운 회사 또한 '롤러블레이드'라고 이름 붙였다. 올슨 형

제의 회사는 롤러블레이드를 대량 생산하여 판매에 나섰다. 대중적으로 판매하는 전략이었다.

처음으로 대량 생산된 롤러블레이드에는 몇 가지 흠이 있었다. 신기도 힘들뿐만 아니라 발에 맞춰 조절하기도 어려웠다. 게다가 바퀴가 쉽게 망가져서 브레이크가 제대로 작동하지 않아 문제가 될 수 있었다. 그뿐 아니었다. 스케이트는 먼지가 잘 끼고 습기도 잘 차서 핀 볼 베어링이 금세 망가지곤 했다. 이를 해결하기 위해 새로운 재료와 형태의 참신한 디자인이 계속해서 등장했다

오늘날, 사람들은 목이 긴 운동화처럼 생긴 인라인스케이트에 발을 넣고 끈을 조인다. 인라인스케이트를 신고 하키를 하기도 하고 친구들과 놀면서 즐긴다. 매년 디자이너들이 스케이트의 디자인을 바꾸며 착용감과 내구성을 개선하고 더 좋은 기능을 선보이기 위해 노력한다.

⚙️ 반짝반짝 아이디어

오래전 사람들은 사물을 보려면 햇빛에 의지해야 했다. 캄캄한 밤이 찾아오기 전, 낮에 모든 일을 끝내야 했다. 불을 발견한 뒤 사람들은 밤에 횃불로 불을 밝혔다. 물론 아무것도 없는 것보다야 낫지만, 사람들은 더 작고 이용하기 편리한 광원을 필요로 했다.

이때 해결책으로 등장한 것이 바로 기름 램프였다. 조개껍데기, 움푹 파인 돌 같은 타지 않는 그릇에 동물 지방을 듬뿍 묻힌 이끼를 넣고 태워 빛을 밝혔다. 주변에서 흔히 볼 수 있는 재료를 가지고 지혜를 발휘한 것이다.

그로부터 몇 세기가 지나고, 기름 램프의 재료가 향상되었다. 고대 이집트, 그리스, 로마에서는 **테라코타**,

감각적인 여성 산업디자이너를 주목하다!

1950년대 산업디자인계에는 여성 디자이너를 찾아보기 어려웠다. 제너럴 모터스의 부회장이었던 할리 얼 (Harley J. Earl, 1893~1969)은 여성 디자이너가 만든 자동차가 여성 고객의 마음을 사로잡을 수 있다고 믿었다. 1950년대 중반, 얼은 여성 디자이너를 여러 명 고용했다. '디자인에 빠진 소녀들'이라고 알려진 여성 디자이너들이 좌석, 문, 손잡이 및 핸들을 포함한 내장, 색, 원단, 같은 자동차 실내장식의 거의 모든 부분을 디자인했으며 브랜드 디자인에도 참여했다. 오늘날에도 사용되는 어린이 보호용 문 잠금장치, 메이크업 조명 거울, 끈이 자동으로 말려들어 가는 안전띠, 수납 캐비닛 같은 장치들을 만들어 냈다.

청동, 잘 다듬은 돌, **설화 석고**로 기름 램프를 만들었다. 디자이너들은 램프의 모양에도 변화를 시도했고 불이 더 오래 타면서 빛을 밝히도록 만들었다. 고대 로마인들은 **파피루스**를 돌돌 말아 동물 기름이나 밀랍에 푹 담가 심지가 있는 초를 만들어 냈다.

램프는 다른 광원에 비해 여러모로 뛰어났다. 모닥불이나 횃불보다 만들기 쉽고 이동도 편리했다. 다 타면 사라지는 초와 달리 여러 번 사용할 수도 있었다. 사람들은 램프에 올리브유나 동물 기름을 채우고 섬유 심지를 사용하여 기름을 태워 불을 밝혔다. 오늘날까지도 여전히 기름 램프를 사용하는 사람들이 있지만, 주로 파라핀이나 등유를 태운다.

1700년대 후반, 석유나 석탄 같은 **화석 연료**가 등장하자 디자이너들은 이를 활용하여 가스램프를 새롭게 만들어 냈다. 가스램프는 가정 및 야외에서 두루 쓰였지만, 가스의 독성과 **인화성**으로 인해 사람들은 집에서 사용하기를 꺼렸다.

> **66** 에디슨은 가정에 전력을 공급하고 전구에 불을 밝힐 수 있는 전기 시스템을 디자인하는 데 힘을 보탰다. **99**

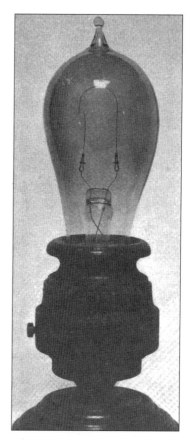

1879년 미국 발명가 토머스 에디슨(1847~1931)이 반짝이는 아이디어를 선보였다. 에디슨은 전기의 매력에 흠뻑 빠졌고, 전기 조명이 가스램프보다 훨씬 안전하다고 믿었다. 그 당시 이미 전구가 발명됐지만, 실제로 사용하지 못했다. 크기가 너무 크고, 전기를 과도하게 많이 소모했기 때문이다. 여러 디자이너가 이 문제들을 해결하려 노력했지만, 전구는 10분을 채 넘기지 못하고 꺼지곤 했다.

에디슨은 일 년이 넘도록 전구 디자인에 매달렸다. 그동안 몇 개의 모델을 실험했지만, 모조리 실패로 돌아갔다. 그는 **탄화**시킨 목화 실로 **필라멘트**를 만들면 몇 시간 넘게 빛을 발한다는 사실을 알아냈다. 이내 에디슨은 그가 만든 필라멘트를 발전시켜 더 오래 빛을 밝히는 전구를 발명했다.

바야흐로 전기의 시대가 도래했고 에디슨이 만든 제조 회사, 에디슨 전기 조명 회사는 전구와 전기 시스템 부품을 만들었다. 몇 년 만에 에디슨의 전구가 미국 전역을 밝혔다. 혁신적인 디자인이 어둠을 물리쳤다!

에디슨의 초기
필라멘트 전구 중 한 종류.

⚙️ 타파웨어 홈 파티

1940년대 초반, 미국 발명가 얼 타파(1907~1983)는 새로운 종류의 플라스틱 저장 용기, 타파웨어(타파가 설립한 미국의 플라스틱 주방용품 브랜드로 조리 및 보관, 접대용 플라스틱 용기를 만들어 판매했다. 타파웨어 브랜드 이름 역시 설립자의 성에서 따온 것이다.)를 디자인했다. 타파는 미국 매사추세츠 주 레민스터에서 제2차 세계 대전 동안 가스 마스크나 신호 램프 같은 군수용품을 생산하는 플라스틱 제조 공장을 운영하고 있었다.

전쟁이 끝나자, 타파는 샌드위치 꼬챙이나 담배 상자 같은 플라스틱 제품을 디자인하는 것에 관심을 두었다. 1940년대 플라스틱은 **메짐性**과 악취 그리고 기름기 등 여러 가지 결함을 보였다. 플라스틱을 개선하기 위해 타파는 기름을 정제하며 만들어지는 **정제**된 **부산물**로 실험을 시작했다. 그는 결국 가볍고 튼튼하고 유연한, 그리고 악취와 독성까지 제거한 플라스틱을 만들어 냈다.

타파는 그가 발명한 새로운 플라스틱으로 음식물 저장 용기를 만들 계획을 세웠다. 그 당시 미국은 집집마다 냉장고가 필수품으로 들어서기 시작하던 시기였다. 타파는 플라스틱 저장 용기가 냉장고 안에서 음식물을 신선하게 보존할 것이라 믿었다. 시행착오를 반복하던 타파는 결국 유리나 도자기 저장 용기에 비해 가볍고 좀처럼 깨지지 않는 튼튼한 플라스틱 저장 용기와 '타파 씰'이라는 뚜껑을 개발했다. 타파 씰은 페인트 통의 뚜껑을 본떠 만든 것으로 공기나 수분을 완벽하게 차단하는 밀폐 용기를 만들어 주었다.

> 📐 **알·고·있·나·요·?**
>
> 타파웨어 같은 밀폐 용기가 집에 있다면, 누구라도 타파웨어 파티를 열 수 있다!

> ❝ 하지만 타파웨어 제품의 강점 기능이 소비자에게 잘 알려지지 않아 좀처럼 선택을 받지 못했다. ❞

낮은 인지도 문제를 해결하기 위해, 회사는 타파웨어 홈 파티를 열었다. 1948년 처음 열린 이 파티는 소비자들에게 타파웨어를 알리는 새로운 방식을 제공했다. 독립적인 파티 주최자가 제품을 꺼내 들고 제품의 기능을 홍보했다. 당시 미국 중산층 가정주부들의 사교 모임을 찾아가 타파웨어 제품을 설명하고 판매하기 시작했다. 정확한 타깃층인 주부들에게 마케팅을 펼친 것이다. 사람들은 이를 보고 타파웨어를 사들였다.

타파웨어 홈 파티는 곧 타파웨어만큼이나 유명해졌다. 미국의 가정마다 냉장고 안에 타파가 디자인한 용기로 음식을 차곡차곡 정리하고 오랫동안 신선하게 보관했다. 혁신적인 제품 디자인과 혁신적인 마케팅의 좋은 본보기다.

⚙ 미국이 사랑한 의자

임스의 라운지 의자는 **상징적인** 의자 가운데 하나다. 찰스 임스(1907~1978), 레이 임스(1912~1988)는 저렴하게 대량 생산할 수 있는 멋진 디자인을 만드는 것을 목표로 하는 부부 디자인 팀이었다.

1950년 찰스와 레이는 호화로운 고급 의자를 디자인하기 시작했다. 현대적이면서도 감각적이어야 했다. 또한, 편안해야 했다. 초기 디자인 단계에서 임스 부부는 낡고 너덜너덜한 가죽 야구 글러브에 몸을 맡긴 사람의 모습을 상상했다. 의자에 앉은 사람이 포근한 가죽에 둘러싸여 아늑한 기분을 느끼길 바랐던 것이다. 이런 상상이 준 아이디어가 임스 라운지 의자로 탄생했다.

의자를 만들기 위해 임스 부부는 3개의 성형 합판을 사용하여 의자 바닥, 등받이, 머리 받침대를 만들었다. 각각을 장미나무 **합판용 판자**로 덮고 그 위에 가죽 쿠션을 얹었다. 그리고 이에 알맞는 **오토만**을 디자인하여 의자를

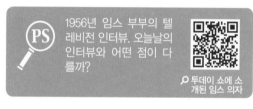

PS · 1956년 임스 부부의 텔레비전 인터뷰. 오늘날의 인터뷰와 어떤 점이 다를까?

🔍 투데이 쇼에 소개된 임스 의자

완성했다. 1956년 가구 회사 허먼 밀러는 임스 라운지 의자의 판매를 시작했다. 합판을 이용해 대량 생산된 최초의 고급 의자였다.

임스 부부가 만든 라운지 의자의 모습.
출처: David Costa (CC BY 2.0)

임스 라운지 의자는 엄청난 상업적 성공을 거뒀다. 수십 년이 지났지만, 이 의자는 여전히 생산되고 있다. 임스 라운지 의자의 부드러운 곡면 디자인은 다른 가구 디자이너에게 기준처럼 받아들여지고 있다.

> 66 지금까지 살펴본 디자이너와 그들이 만든 제품은
> 세상을 바꿔놓은 산업디자인의 일부 사례일 뿐이다. 99

화장실 변기에서부터 밀폐 용기에 이르기까지 이 제품들은 문제를 인식하고, 아이디어를 떠올려, 해결책을 만들어 내고, 검토하고 실험하는 디자인 과정을 거친 뒤에야 시장에 모습을 드러냈다. 산업디자인의 대표적인 디자인들은 이 세상을 훨씬 더 흥미진진하게 만들었다.

 알·고·있·나·요·?

초기에 생산된 임스 라운지 의자는 현재 뉴욕 현대 미술관과 보스턴 미술관에 전시되어 있다.

 생각을 키우자!

디자이너들 사이에는 어떤 공통점이 있을까?

대표적인 산업디자인 살펴보기

볼펜에서부터 음식 용기에 이르기까지 대표적인 산업디자인들을 우리 주변에서 어렵지 않게 찾아볼 수 있다. 좀 더 자세히 들여다보자.

1> **디자인을 살펴볼 제품을 골라보자.** 아래의 제품은 어떨까?

* 스테이플러
* 폴라로이드 카메라
* 면봉
* 바닥이 평평한 종이봉투
* 포스트잇

* 간장병
* 나이키 로고, "스우시"
* 코카콜라 유리병
* 레고 블록

 알·고·있·나·요·?

QR코드로 유명한 디자인 사례에 대해 알아보자.

🔍 생활 속 디자인 50가지

2> **제품을 골랐다면 책이나 인터넷을 통해 디자인을 조사해 보자.** 조사하며 아래의 질문에 답해보자.

* 누가 제품을 디자인했는가?
* 무엇이 기존 제품의 문제였는가?
* 무엇이 디자인 필수 조건이었는가?
* 의도에 충실한 디자인인가?

* 미적으로 아름다운가?
* 기존 제품의 문제를 해결했는가? 문제 해결 과정에서 어려움은 무엇인가?

3> **조사 결과를 파워포인트로 발표해 보자.**

이것도 해 보자!

조사한 제품의 디자인은 충분히 만족스러운가? 그렇지 않다면 어떤 점을 개선해야 할까?

의자 디자인하기

디자인은 문제를 해결하고 소비자 요구를 충족시킨다. 산업디자이너는 언제나 고객의 요구에 귀 기울이며 제품을 만들고 개선한다. 탐구 활동을 통하여 사용자의 특수한 요구에 알맞은 의자를 디자인해 보자.

1> 아래와 같은 사례를 생각해 보자.

* 80세 노인으로 대부분의 시간을 의자에 앉아 텔레비전을 보며 지낸다. 지팡이에 의지하여 걷고 앉고 일어서는 행동이 힘들다.

* 15세 학생으로 하루 8시간 동안 앉아서 수업을 듣는다. 크고 무거운 가방을 보관할 공간이 필요하다.

* 30세 달리기 선수로 이동하는 데 많은 시간을 소비한다. 잦은 근육통이 있기 때문에, 컨디션 관리를 위해서는 쿠션감이 좋은 푹신한 의자를 선호한다.

2> 위의 사례 가운데 하나를 골라 의자를 만들어 보자. 어떤 기능이 필요할까? 이 기능은 디자인 요구 사항과 어떤 관계가 있을까?

3> 모형을 만드는 데 사용할 재료를 골라보자. 검정 마커, 종이, 가위, 골판지, 파이프 청소기, 점토, 솜, 테이프, 이쑤시개 등이 필요할지도 모른다.

4> 디자인 필수 조건을 고려하며 디자인 과정에 따라 의자를 디자인해 보자.

* 아이디어 스케치를 그려보자. 어떤 요소를 포함할 것인가? 그 요소들은 디자인 필수 조건을 충족시키는가?

* 준비한 재료로 간단한 모형을 만들어 보자.

* 이제 자신의 디자인을 평가해 보자. 디자인 필수 조건을 충족시켰는가? 의도대로 작동하는가? 미적으로 만족스러운가?

* 다른 사람에게 디자인 평가를 받아 보고, 이를 바탕으로 테스트해 보자. 어떤 점을 개선하라고 조언했는가?

5> **잠재적 사용자를 고려하며 다시 테스트해보자.** 필요한 경우, 테스트 결과를 바탕으로 디자인을 수
정하라. 디자인을 완성했다면, 아래의 질문에 답하라.

* 디자인 과정 중에서 어떤 점을 수정했는가? 모형을 통해 어떤 점을 알게 되었는가?

* 모형을 만들며 어떤 재료를 사용하고 어떤 재료를 사용하지 않았는가? 왜 그런가?

이것도 해 보자!

같은 의자의 모형을 다른 재료로 만들어 보자. 재료가 바뀌면 디자인에 어떤 영향을 미치는가? 재료
선택이 디자인 필수 조건을 충족시키는 데 어떤 영향을 미치는가?

디자인 변화: 에너지 효율적인 전구

1970년대 아랍권 국가들이 석유 수출을 금지한 일이 있었다. 이로 인해 여러 국가는 석유 부족과 석유 가격 폭등을 경험하며 에너지 효율과 절약의 중요함을 절실히 느꼈다. 1977년 미국에서는 에너지 자원을 다양화하고 에너지 **절약**을 촉진하기 위해 에너지부를 설립했다. 그 결과, 에너지를 사용하는 다양한 제품에 대해 새로운 디자인 필수 조건이 추가됐다. 바로 **에너지 효율성**이다. 그리고 전구는 특히 에너지 효율성이 요구되는 분야였다.

1〉오늘날 사용 가능한 다른 전구에는 무엇이 있을까?

* 백열전구
* 콤팩트 형광 전구(CFL)
* 할로겐 전구
* LED 전구
* 형광 전구

2〉각각의 장단점은 무엇인가? 책이나 인터넷을 통해 조사해 보고 내용을 표로 정리해 보자.

* 효율성, 제품 수명, 미적 기능, 가격, 밝기를 비교해 보자.
* 친환경이라는 디자인 요구를 충족하는가?
* 친환경 사항을 추가함으로써 전구의 다른 요구 사항(예를 들어, 가격이나 미적 기능)에 어떤 영향을 미치는가?

이것도 해 보자!

가정에서 어떤 전구를 사용하고 있는지, 어디에서 사용하는지 살펴보자. 어떻게 개선하면 효율성을 높이면서 쓸모 있는 전구를 만들 수 있을까?

마인드맵으로 아이디어 떠올리기

마인드맵은 아이디어를 떠올리기 위해 사용되는 브레인스토밍 기법 중 하나로, 주제와 관련된 단어, 개념, 활동을 연결하는 도표다. 질서나 구조에 신경 쓰지 않고 자유롭게 생각을 떠올릴 수 있도록 도움을 준다.

1> 큰 종이 한 장과 여러 가지 색깔 펜을 준비하자. 중앙에 해결해야 할 문제를 간단하게 쓰고 동그라미를 그려라.

2> 문제와 관련하여 떠오르는 단어를 적고, 동그라미를 그리고, 맨 처음 그린 동그라미와 선으로 연결하라. 더 이상 생각이 나지 않을 때까지 계속해서 단어를 쓰고 동그라미를 그리고 선으로 이어 보자.

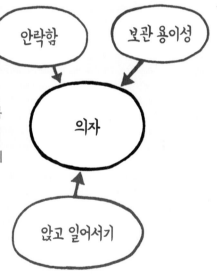

3> 가지 하나를 다 그렸다면, 다른 가지에서 같은 과정을 반복하라. 이렇게 종이를 가득 채울 때까지 계속하라. 마인드맵의 목표는 짧은 시간 동안 가능한 많은 단어를 떠올려 아이디어를 만드는 것이다.

4> 이제 단어와 아이디어를 찬찬히 검토해 보자. 마인드맵이 디자인 해결책을 떠올리는 데 도움이 되었는가? 이러한 브레인스토밍 방식이 마음에 드는가?

이것도 해 보자!

다른 브레인스토밍 기법을 조사해 보자. 어떤 기법이 가장 마음에 드는가?

대표적인 산업디자인 알아보기

재능있는 디자이너들은 산업디자인에 크게 이바지해 왔다. 그들은 기능, 형태, 미적인 외형을 고루 갖춰 소비자에게 사랑받는 제품을 여럿 디자인했다.

1〉 아래의 웹사이트에서 역사적인 디자이너에 대해 알아보자.

 🔍 미국의 대표 산업디자이너

🔍 랭커

🔍 산업디자이너의 연대표

싹둑!

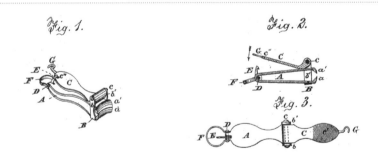

얼마나 자주 손톱을 깎는가? 특별할 것 없는 사소한 일이지만 산업디자인은 우리가 좀 더 쉽고 편하게 손톱을 깎도록 만들어 주었다. 손톱깎이는 꽤 최근에 발명되었는데, 1881년 유진 하임과 올스틴 마츠는 오늘날 우리가 사용하는 것과 비슷한 손톱깎이를 처음으로 특허받았다. 그들의 스케치가 어떻게 보이는가? 지금의 손톱깎이와 어떤 점이 다른가? 손톱깎이의 발명 이전에는 사람들이 어떻게 손톱을 깎았을까? 조사해 보자!

2> 디자이너를 더 조사해 보자. 아래의 디자이너 가운데 한 명을 골라 더 알아보자.

- 페터 베렌스
- 디터 람스
- 샤를로트 페리앙
- 레이먼드 로위
- 헨리 드레이퍼스
- 자하 하디드
- 러셀 라이트

- 찰스 임스
- 조나단 아이브
- 베르타 벤츠
- 제임스 다이슨
- 아담 세비지
- 론 아라드

3> 선택한 디자이너와 디자인에 관해 책이나 인터넷으로 조사해 보자. 아래의 질문에 대해 생각해 보자.

- 디자이너의 배경은 어떠한가? 어느 학교에 다니고 어디에서 일했는가?
- 어떤 계기로 디자인을 시작했는가?
- 어떤 제품 디자인으로 유명한가?
- 디자이너가 디자인으로 해결한 문제는 무엇인가?
- 디자이너는 무엇으로부터 영향을 받았는가?
- 디자이너는 어떤 성공을 거뒀는가? 혹은 어떤 실패를 경험했는가?
- 디자이너는 디자인의 어떤 요소를 강조했는가? 그들은 어떤 디자인으로 알려졌는가?
- 디자이너는 산업디자인에 어떤 영향을 미쳤는가?

4> 조사한 정보를 바탕으로 디자이너의 이야기를 친구들에게 이야기해 보자.

이것도 해 보자!

우리 주변에서 제품을 하나 골라 그 디자인을 조사해 보자. 누가 디자인했는가? 어떤 이야기가 숨겨져 있는가?

탐·구·활·동

색의 의미

색은 디자인의 중요한 부분을 차지한다. 색은 사용자가 제품에 느낄 감정에 영향을 미치기 때문이다. 색은 사용자 경험에 영향을 미치는 여러 감정, 연상, 반응을 끌어낸다. 또한, 색은 문화적 의미를 지니고 있다. 예를 들어, 어떤 문화권에서 검은색은 죽음을 의미한다. 다른 문화권에서는 흰색이 죽음을 의미한다. 그러므로 디자이너들은 매우 주의해서 색깔을 선택해야 한다.

1> 아래의 색이 어떤 감정을 불러일으키는지 조사해 보자.

* 빨간색
* 노란색
* 흰색
* 검은색
* 은색
* 분홍색

* 파란색
* 초록색
* 파스텔색
* 밝은색
* 어두운색

 알·고·있·나·요·?

컴퓨터로 디자인하여 스크린에 보이는 파란색을 프린터로 출력하면 어떤 색으로 보일지 알 수 있을까? 팬톤 매칭 시스템(Pantone Matching System, PMS)을 이용하면 알 수 있다. 이는 색에 숫자를 매기는 시스템이다. 만약 디자이너가 팬톤 7459 C를 지정하면, 프린터는 디자이너가 원하는 색을 정확하게 출력한다.

2> 색깔별로 어떤 제품이 잘 어울리는가? 어떤 제품이 잘 어울리지 않는가? 색이 소비자의 선택에 어떤 영향을 미치는가?

이것도 해 보자!

디자이너들은 자신이 사용한 색에 화려한 이름을 붙여 느낌을 전달하기도 한다. 자전거의 색이 평범한 '빨간색'인 경우와 '애플 캔디 레드'인 경우는 어떻게 다른가? 색의 이름을 들었을 때 어떤 느낌이 드는가? 우리 주변에서 비슷한 사례를 찾아보자. 왜 제품에 이런 화려한 이름을 붙였을까? 나만의 색깔 이름을 만들 수 있을까?

주방 기구 디자인하기

주방에는 식칼, 숟가락, 포크, 거품기, 껍질 벗기는 칼, 주걱 등 많은 기구가 있다. 이 외에도 주방 기구에서 산업디자인을 활용해 바꿔야 할 것들은 무엇이 있을까?

1> **주방 기구의 목록을 작성해보고 아래의 질문에 답해보자.**

   * 어떤 종류의 주방 기구가 있는가? 각각 몇 개가 있는가?

   * 주방 기구의 재료는 무엇인가?

   * 주방 기구는 인체 공학적인가?

   * 주방 기구는 사용하기 편리한가? 보관하기 쉬운가?

   * 부러지거나 녹이 슨 기구가 있는가?

   * 오른손잡이용인가 왼손잡이용인가?

   * 손잡이가 덜렁거리는 기구가 있는가?

   * 손가락을 찌를 정도로 날카로운 부분이 있는 기구가 있는가?

   * 기구들은 미적으로 보기 좋은가?

2> **기구를 하나 골라 리디자인해 보자.** 아래의 디자인 과정을 따라해 보자.

   * 문제 파악하기   * 디자인 필수 조건 정하기

   * 아이디어 떠올리기   * 가장 좋은 아이디어 고르기

   * 해결책 다듬기   * 모형 만들기 / 프로토타입 만들기

   * 테스트하고 리디자인하기

3> **리디자인 한 주방 기구를 가족들에게 소개해 보자.** 어떤 반응을 얻었는가?

이것도 해 보자!

주방 기구를 정리하는 도구를 디자인해 보자.

76쪽 **키네스코프(kinescope)**: 텔레비전 모니터나 수신기의 영상을 특수한 카메라로 영화 필름에 녹화하는 작업.

76쪽 **전자(electron)**: 음전하를 가지고 원자핵 주위를 도는 원자의 구성 요소.

76쪽 **원자(atom)**: 물질의 기본 구성 단위. 우주에 존재하는 모든 것을 이루는 작은 구성 요소이다.

76쪽 **음전하(negative electric charge)**: 물체가 띠고 있는 음의 전기적 성질. 또는 음의 부호를 가지는 전하.

77쪽 **자기 테이프(magnetic tape)**: 길고 가느다란 플라스틱 필름 표면에 자성체를 발라 만든 기록용 매체.

77쪽 **오디오(audio)**: 소리와 관련된.

78쪽 **회로(circuit)**: 전류가 흐르는 길. 시작점과 끝점이 같다.

78쪽 **도체(conductor)**: 전기가 잘 통하는 물질.

80쪽 **디브이디(DVD)**: 많은 양의 데이터를 저장할 수 있는 디스크형 저장 장치.

80쪽 **반투명한(translucent)**: 빛이 어느 정도 통과하여 반대쪽이 흐릿하게 보이는 성질.

80쪽 **콘솔(console)**: 텔레비전 화면으로 비디오 게임을 하는 데 사용되는 특수한 컴퓨터.

82쪽 **총수입(revenue)**: 상품이나 서비스를 판매한 결과로 얻은 모든 이익.

82쪽 **서드파티 개발자(thrid-party developer)**: 다른 회사의 시스템을 위한 소프트웨어나 게임을 개발하는 회사.

82쪽 **잉여(surplus)**: 쓰고 난 후 남는 것.

83쪽 **주변 기기(peripheral)**: 컴퓨터나 비디오 게임 콘솔에 연결되어 제어를 받는 장치.

83쪽 **액세서리(accessory)**: 기능을 더하기 위해 추가로 사용하는 장치.

84쪽 **인가(license)**: 어떤 일을 하는 것을 허락하다.

85쪽 **리브랜딩(rebrand)**: 회사나 제품에 대한 이미지 및 인식을 바꾸는 작업.

85쪽 **아이맥 (iMac)**: 애플의 일체형 매킨토시 컴퓨터.

85쪽 **아이북(iBook)**: 애플이 발매한 소비자용 노트북 컴퓨터.

4장

산업디자인과 전자 제품

나는 전자 제품을 디자인하고 싶어!

난 싫어!

왜 싫어?

전자 제품은 출시되고 몇 달 지나지 않아 신제품이 또 출시되잖아.

금방 잊힐 디자인을 하고 싶진 않아.

하지만 생각을 달리하면 정말 좋은 점이지 않아? 절대 일이 끝길 리 없잖아!

게다가 최신 제품을 제일 먼저 사용할 수도 있지!

전자 제품 박람회에서는 매년 첨단 기술로 만든 새로운 제품이 소개된다. 하나같이 우리의 삶을 편하고 즐겁게 만들 것을 약속한다. 그런데 스마트폰, 컴퓨터, 태블릿 PC, 텔레비전 같은 전자 제품을 만들기 위해서는 최신 공학 기술뿐만 아니라 디자인의 도움도 절실하다는 것을 알고 있는가?

소비자 전자 제품 산업은 끊임없이 진화하여 우리의 삶의 질을 높인다. 하지만 소비자 전자 제품은 그 수명이 매우 짧아 출시한지 몇 달이 채 지나지 않아 하드웨어와 소프트웨어는 구식 취급을 받고 디자인은 신선함을 잃어버리고 다른 신제품이 그 자리를 차지하기 일쑤다.

생각을 키우자!

전자 제품의 디자인은 판매율에 어떤 영향을 미치는가?

소비자 전자 제품은 이제 그 첫걸음을 내디뎠을 뿐이다. 전자 제품의 디자인은 앞으로 여러모로 지금과는 다른 모습일 것이다. 하지만 짧은 역사라도 처음부터 지금까지의 변화상을 보는 것은 의의가 있을 것이다.

⚙ 전자 제품 시대의 비디오 녹화하기

1971년 소니는 자사 최초의 비디오 카세트 녹화기(VCR)를 출시했다. 사실 VCR 기술은 수 년전에 이미 만들어져 있었다. 1950년대 텔레비전의 인기가 치솟으며 집집마다 텔레비전을 들여놓았다. 그 당시 텔레비전 방송국은 뉴스를 스튜디오에서 찍어 바로 생방송으로 송출했다.

하지만 미국은 국토 면적이 커서 한 국가 안에서도 지역마다 시간대가 달랐고, 이로 인해 생방송 송출에 차질을 빚었다. 동쪽인 뉴욕에서 오후 6시에 뉴스를 볼 때, 서쪽인 샌프란시스코에서는 오후 3시였다. 사람들이 한창 일하고 공부할 시간이었다.

그 당시 생방송 송출 영상을 녹화해서 몇 시간 뒤 다시 송출하는 유일한 방법은 **키네스코프** 레코딩 기법뿐이었다. 키네스코프 레코딩은 텔레비전 화면의 영상을 특수한 카메라로 영화 필름에 다시 녹화하는 기법이다. 키네스코프 필름은 현상하는데 많은 시간이 소요되었고 이렇게 만들어진 영상의 화질은 질이 상당히 떨어졌다.

텔레비전 방송망으로서는 두 가지 가운데 선택해야만 했다. 뉴욕에서 생방송을 송출하고 몇 시간 뒤에 샌프란시스코에 송출할 방송을 위해 또 같은 내용으로 생방송을 찍는 것과 뉴욕에서 송출한 영상을 키네스코프 촬영하여 그 필름을 제시간에 맞춰 서둘러 현상하는 것 두 가지였다.

전기가 뭘까?

형광등을 켜거나 텔레비전을 시청하려면 전기가 필요하다는 것쯤은 모두 알고 있다. 하지만 전기가 어떻게 생겨나는지 알고 있는가? 전기는 **전자**에서 생겨난다. 전자는 물질의 구성 요소인 **원자**의 한 부분으로 **음전하**를 가진다. 힘이 가해지면 전자가 원자에서 떨어져나와 다른 원자로 이동한다. 이때 전자 여러 개가 일정한 방향으로 이동할 때의 전자의 흐름이 바로 전기다.

> **"방송국은 두 가지 방법보다 더 쉽고 편한 녹화 기술이 필요했다."**

전자 제품 회사들은 문제 해결을 위해 앞다퉈 새로운 기술 개발에 뛰어들었다. 많은 회사들이 **자기 테이프**를 이용한 비디오 녹화기를 실험했고, 그중 암펙스는 기존 **오디오** 녹음기에 사용되는 빙글빙글 도는 헤드 부품의 디자인을 이용하여 해결책을 들고 나왔다. 1956년 4월, 암펙스는 세계 최초로 자기 테이프를 이용한 비디오 기록 장치인 VRX-1000을 선보였던 것이다.

 알·고·있·나·요·?

텔레비전 방송에서 컬러를 처음 사용한 것은 매년 1월 1일 로스앤젤레스에서 열리는 로즈 퍼레이드의 1954년 생중계 방송이었다.

PS 1957년 미국의 텔레비전 프로그램, 더 에드셀 쇼(The Edsel Show)를 녹화하던 두 가지 다른 촬영 기술을 소개한다. 키네스코프 레코딩과 비디오 녹화기의 차이가 보이는가? 현재의 영상과 비교하여 두 개의 다른 촬영 기술로 녹화한 영상은 어떤 차이를 보이는가?

 🔍 1957년 CBS 방송사가 방영한 더 에드셀 쇼

1950년대 만들어진 최초의 비디오 녹화기. 오늘날의 비디오 녹화기에 비하면 그 크기가 매우 크다!
출처: Karl Baron (CC BY 2.0)

혁신적인 기술이었지만 문제는 가격이었다. 비디오 녹화기 한 대의 가격은 5만 달러에 달했다! 매우 비싼 가격에도 불구하고 방송국들은 앞다투어 새로운 비디오 녹화기를 주문했다. CBS 방송국은 1956년 11월 30일 뉴욕에서 더글러스 에드워즈 뉴스를 방송한 뒤, 암펙스 녹화기로 방송 내용을 녹화하여 미국 서부 지역에 다시 송출했다. 앵커인 에드워즈가 다시 생방송을 진행할 필요가 전혀 없었다.

암펙스는 비디오 녹화기의 성공에 이어 회전 헤드 디자인 개발에 나섰다. 이번에는 가정용 비디오 녹화기에 도전한 것이다. VRX-1000은 일반인이 사용하기에는 조작법이 매우 어렵고 복잡했으며 무엇보다도 가격이 매우 비쌌다. 가정용 녹화기의 디자인 필수 조건은 쉽고 편리하고 튼튼하면서 가격이 저렴해야 했다.

최종적으로 세 가지 VCR 포맷이 등장했다. 1975년 일본 소니의 베타맥스, 1976년 일본 빅터 주식회사의 VHS, 1978년 필립스의 V2000이었다. 세 가지 제품은 서로 호환되지 않았다. 즉, 한 기기에서 재생되는 비디오테이프 카세트는 다른 회사의 기기에서 재생되지 않았다.

소니가 베타맥스를 출시했을 때, 회사 경영진은 그들의 기술과 디자인이 압도적으로 우위를 차지하고 있다고 생각했고, 경쟁사들이 베타맥스의 디자인을 따라 하여 베타맥스가 VCR 산업의 표준 포맷이 될 것이라고 믿었다.

하지만 일본에 본사를 둔 세계적인 전자회사 JVC의 생각은 달랐다. JVC는 베타맥스가 출시되고 1년 만에 베타맥스와 호환되지 않는 독창적인 포맷의 VHS를 출시했다. 그 뒤를 필립스의 V2000이 추격하려 했지만, 기술적 문제로 인해 제대로 출시되지 못했다.

전기 회로는 어떻게 작동할까?

아이팟, 디지털 계산기 같은 전자 제품은 전기 에너지를 사용한다. 전기를 발생시키려면 전기 **회로**가 필요하다. 전등 스위치는 끊어져 있던 전기 회로를 다시 연결해 전자가 이동할 수 있게 만들어 주는 장치다. 이는 전기가 전등까지 흘러가도록 길을 만들어 주는 것이다.

- **전원**: 배터리나 콘센트, 전기의 흐름이 시작되고 끝나는 곳이다.
- **도체**: 전기가 흘러 다니는 전선. 전자가 흐를 수 있는 물질은 무엇이라도 **도체**가 될 수 있다.
- **부하**: 전구 등 전기를 사용하는 장치.
- **스위치**: 전기의 흐름을 조절한다. 스위치를 닫아 회로를 연결하면 전기가 흐르고, 스위치를 열어 회로가 끊어지면 전기가 흐르지 못한다.

전기 회로에서 전원은 전자가 도체를 통해 부하로 흘러 들어가게 하는 동력을 발생시킨다. 폐쇄 회로는 전기가 전선을 타고 막힘없이 흐르는 회로이고, 개방 회로는 전선에 스위치가 있어 전자를 흐르지 않게 만들 수 있는 회로다.

누가 디자인할까?

컴퓨터, 휴대폰, 아이팟과 같은 전자 제품은 크게 하드웨어와 소프트웨어로 나누어 볼 수 있다. 각 부분은 누가 디자인하는 걸까? 일반적으로 산업디자이너들은 하드웨어와 제품 포장을 담당한다. 소프트웨어 공학자들이 기기를 작동시키는 소프트웨어를 개발한다.

소니와 JVC는 수년간 경쟁했다. 소비자들은 어떤 녹화기를 선택하든, 텔레비전 프로그램을 녹화하고 재생하여 볼 수 있게 되었다. 그리고 비디오테이프를 사거나 대여하여 볼 수도 있었다. 오늘날의 기준으로 생각하면 꽤 단순한 형태지만, 비디오 카세트 녹화기는 개인화 엔터테인먼트 시스템의 첫걸음을 내디뎠다.

결국, 비디오 카세트 녹화기의 포맷 경쟁은 누가 승리했을까? 베타맥스는 품질이 더 훌륭했지만, 가격이 비싸고 수리가 불편했다. 또한, 초기 모델은 특정 텔레비전에서만 작동했다. 이런 이유였을까? 비디오 대여점들은 VHS 녹화기와 VHS 포맷 비디오 카세트를 들이기 시작했고 JVC의 VHS는 베타맥스를 시장에서 차츰 밀어냈다.

▶ 비디오 카세트 녹화기 한 대에는 여러 부품이 수없이 많이 들어 있다.

이후로도 비디오 녹화기의 기술과 디자인이 계속해서 발전했다. 1990년대 후반, DVD 플레이어가 도입됐다. DVD는 콤팩트디스크의 한 종류로 많은 양의 데이터를 저장할 수 있으므로 이상적인 비디오 재생 매체로 여겨졌다. 2003년에 이르자 DVD의 판매량이 VHS 카세트 판매량을 넘어섰다. 비디오 대여점은 VHS 카세트 대신 DVD를 들여놓기 시작했다.

비디오 재생 매체의 발전은 오늘날까지 이어지고 있다. 디지털 비디오 녹화기가 등장했지만, 관련 기술은 여전히 멈추지 않고 변화를 거듭하는 중이다. 이제 소비자들은 수많은 비디오 녹화 및 재생 기기 중 취향에 맞는 제품을 골라 선택할 수 있다. 기술의 변화는 우리의 일상을 어떻게 바꿔놓았을까? 우리는 집에서 어떤 방법으로 영화나 텔레비전 프로그램을 시청하는가? 녹화기는 앞으로 어떤 변화를 보일까?

⚙️ 게임의 초기 디자인

최초로 출시된 비디오 게임이 무엇일까? 아마 1972년 아타리가 출시한 아케이드 핑퐁 게임, 퐁을 떠올리는 사람이 많을 것이다. 하지만 퐁이 출시되기 수개월 전 마그나복스는 이미 마그나복스 오디세이를 선보인 바 있다. 오디세이는 최초의 홈 비디오 게임 시스템이다.

오디세이는 공학자 랠프 베어(1922~2012)가 디자인한 브라운 박스를 참고하여 만들어졌다. 오늘날의 비디오 게임기와 비교하면 정말이지 원시적인 제품이다! 게임을 플레이하면 스크린에는 조그마한 하얀 벽돌 몇 개와 세로 선 하나가 보일 뿐이었다. 오디세이는 퐁과 비슷한 게임인 테이블 테니스 등의 여러 게임을 제공했다. 사용자는 화면에 **반투명한** 색상의 창을 띄워 다양한 게임에 대한 레이아웃을 설정했다. 오디세이의 상품 패키지 안에는 전기를 사용하지 않는 보드게임 도구인 주사위, 카드, 가짜 돈 그리고 포커 칩이 함께 들어 있었다.

마그나복스 오디세이는 홈 게임 시대의 문을 연 혁신적인 제품이었지만, 상업적인 성공을 거두지 못했다. 사람들이 마그나복스에서 판매하는 텔레비전으로만 게임을 할 수 있다고 생각했기 때문이다. 오디세이의 판매량은 35만을 기록했는데, 이는 아타리의 퐁과 비교했을 때 터무니없이 적은 숫자다.

1977년 게임 산업은 '아타리 2600'의 출시와 함께 크게 발전했다. 아타리의 **콘솔**은 내장형 게임을 제공하지 않고 게임 카트리지를 활용하는 방식을 선택했다. 게임 카트리지를 바꿔 끼우면 얼마든지 여러 종류 게임을 즐길 수 있었다.

> 1980년 아타리의 가정용 게임, 스페이스 인베이더가 출시와 동시에
> 큰 인기를 끌었고 아타리 2600의 판매량도 함께 치솟았다. **"**

비디오 게임의 발전은 비단 물리적인 콘솔의 디자인에만 국한된 것이 아니었다. 게임 소프트웨어의 디자인도 함께 발전했다. 이제 전자 제품 디자인은 그 범위가 확장되어 소프트웨어 프로그래밍을 포함하게 되었다. 전통적으로 디자인은 물리적 형태를 갖춘 물체에 한정했다. 하지만 이제 물체뿐 아니라 풍경, 캐릭터, 디지털 세계를 구성하는 플롯 또한 디자인의 영역이 되었다.

 알·고·있·나·요·?

비디오 게임의 아버지는 브라운 박스의 프로토타입을 디자인한 미국의 공학자 랠프 베어(1922~2014)다.

 퐁은 고전 게임이지만 우리도 플레이할 수 있다!

🔍 퐁 플레이하기

1980년 초반 아타리 콘솔의 모습.

⚙ 게임 산업을 되살린 디자인

1978년부터 1983년까지 비디오 게임 산업의 인기가 치솟았다. 1983년 한 해의 게임 산업 **총수입**이 32억 달러로 정점에 달했다. 이후 비디오 게임 시장이 붕괴하기 시작하여 1985년에는 총수입이 1억 달러에 불과했다. 비디오 게임 시장의 몰락에는 여러 원인이 있지만, 주요 원인으로는 충분한 테스트를 거치지 않고 시장으로 흘러 들어간 불량 게임 콘솔과 게임을 꼽을 수 있다.

아타리 2600의 성공으로 여러 회사가 게임 산업에 앞다투어 뛰어들었고, **서드파티 개발자**들이 조악한 품질의 게임을 마구 만들어 냈다. 그 결과, 판매점마다 콘솔과 게임이 팔리지 않은 채 쌓여 갔다. 결국, 판매점들은 **잉여** 콘솔과 게임을 매우 싼 가격에 팔아치웠다. 그러나 그마저 팔리지 않으면 제조사에 환불을 요청했다. 개발자와 콘솔 제작자들이 하나둘 비디오 게임 시장을 떠나갔다. 당시 뉴스에서는 게임 산업의 몰락을 보도했다.

하지만 그때 일본에서 게임 산업의 몰락을 반전시킬 움직임이 꿈틀대고 있었다.

아타리의 성공을 지켜보며 닌텐도는 더 나은 디자인에 집중했다. 닌텐도는 오락실용 아케이드 게임기와 가정용 게임기에서 큰 성공을 거두며 이미 탄탄한 시장 경험을 갖춘 상태였다. 닌텐도의 공학자 우에무라 마사유키(1943~)는 게임 카트리지 교체형 콘솔을 디자인했다. 이는 닌텐도의 유명한 휴대용 게임기 게임 앤 워치의 콘솔에서 아이디어를 빌린 것이었다.

새로운 게임 컨트롤러의 등장

닌텐도 엔터테인먼트 시스템(Nintendo Entertainment System, NES)의 컨트롤러는 사용자의 비디오 게임 경험을 바꿨다. 사용자와 게임이 상호 작용하는 방식에 변화를 주었던 것이다. 이전 비디오 게임기의 컨트롤러는 사용하기 복잡하고 어려웠다. 단순한 직사각형 모양의 NES 컨트롤러는 인체 공학적으로 설계되어 군더더기가 없고 사용하기 편리했다. 사용자들은 엄지손가락으로 방향키를 눌러 빠르게 게임을 조작할 수 있었다. 기능이 향상된 NES 컨트롤러는 개발자가 정교한 게임을 만들 수 있도록 변화를 이끌어냈다. '선택'과 '시작' 버튼을 이용하여 사용자들이 새로운 능력, 물체 등을 선택할 수 있게끔 하위 메뉴를 추가했다. 이후 게임 컨트롤러의 디자인은 계속해서 바뀌었지만, 큰 틀에서는 여전히 닌텐도의 초기 디자인을 유지하고 있다.

> **멀티스크린 버전의 게임 앤 워치가 출시되자, 우에무라는 사용자들이 손에 쥔 게임기를 향해 고개를 숙이는 것보다 좀 더 편안하게 고개를 올려 두 번째 화면을 본다는 것을 알아차렸다.**

또한 소비자들은 방향키에 대해 우호적이라는 것도 알게 되었다. 그는 이 두 요소를 패밀리 컴퓨터에 적용했다. 1983년 닌텐도는 일본에서 패미컴을 출시했다. 그리고 1984년이 끝날 무렵 닌텐도의 패미컴은 일본에서 가장 인기 있는 게임 콘솔이 됐다. 이후 닌텐도는 미국 시장으로 눈을 돌렸다.

당시, 미국에서 비디오 게임은 그 인기가 시들해진 상태였다. 게임기는 더 이상 팔리지 않았고 판매점은 새로운 게임기를 들이길 꺼렸다. 우에무라는 소비자들이 패미컴을 비디오 게임기가 아닌 전자 장난감이나 엔터테인먼트 시스템으로 인식하길 원했다.

이를 위해 콘솔을 다시 디자인했다. 카트리지를 위에 꽂는 방식은 게임 콘솔의 이미지를 강하게 풍겼기 때문에 VCR처럼 카트리지를 앞에서 밀어 넣는 방식으로 바꿨다. 그러자 패미컴은 VCR처럼 텔레비전 장식장에 놓고 쓸 수 있게 되었다. 닌텐도는 **주변 기기**도 함께 개발했다. 게임 **액세서리**로 패미컴 전용 로봇인 R.O.B를 개발하자 전자 장난감 같은 인상을 더 강하게 전달했다.

닌텐도는 자사의 게임 콘솔의 이름을 닌텐도 엔터테인먼트 시스템(NES)라고 변경하여 기존 게임 콘솔과의 차별화를 기했다.

1985년 닌텐도가 개발한 게임 콘솔.

닌텐도는 아타리의 실수로부터 교훈을 얻어 NES를 출시하면서 공들여 만든 게임 18개를 함께 발매했다. 그리고 서드파티 개발자가 만들어 내는 게임을 꼼꼼하게 검토하며 품질을 관리했다. 매년 발매되는 게임의 수도 조절했다.

서드파티 개발자들은 이제 NES 게임을 개발하려면 **인가**를 받아야 했고, 인가를 받아도 일 년에 게임을 두 개까지만 발매할 수 있었다. 이는 품질이 낮은 게임이 시장에 과하게 유통되는 것을 막기 위해서였다.

 알·고·있·나·요·?

닌텐도는 1995년 8월 14일부터 유럽과 북미에서 NES 판매를 중단했다.

비디오 게임 디자이너

하드웨어 디자이너는 게임 콘솔 같은 하드웨어를 개발하고, 소프트웨어 디자이너는 게임 콘텐츠를 만든다. 게임 디자이너는 아이디어가 떠오르는 대로 자세히 적은 뒤 게임 플롯, 캐릭터, 플레이 방법까지 모두 계획하고 만든다. 스토리의 짜임새뿐만 아니라, 게임과 사용자의 상호작용 및 게임 캐릭터의 움직임까지 고민한다. 디자이너들은 정기적으로 게임 아이디어를 검토하고 가장 좋은 아이디어를 발전시킨다. 게임 디자이너는 프로그램 개발자 및 작화 디자이너와 함께 게임을 만든다. 개발자 및 작화 디자이너에게 아이디어를 정확하게 전달하고 확인하는 일 또한 게임 디자이너의 일이다.

패미컴과 게임을 소개하는 영상을 보자.

🔍 패미컴의 역사

닌텐도는 1985년 NES를 미국 시장에 출시하며 콘솔을 다시 디자인하고 제품을 **리브랜딩**했다. 지금까지 실망스러운 비디오 게임 콘솔로부터 NES를 차별화하려는 시도였다.

닌텐도의 시도는 보기 좋게 성공했다. NES는 수년간 미국 콘솔 시장에서 선두 자리를 지켰다. 이로써 닌텐도는 게임 산업의 강자로 우뚝 서게 되었고 오늘날까지 많은 소비자에게 사랑받는 게임기를 만들고 있다.

⚙ 애플의 아이맥

1980년대 IBM을 포함한 많은 컴퓨터 제조회사들은 무난한 베이지색과 간결한 디자인으로 제품을 만들었다. 베이지색이 사용자의 눈의 피로를 적게 준다고 믿었기 때문이다. 1980년 중반까지 미국 가정에서 사용하는 개인용 컴퓨터 수백만 대가 거의 비슷한 외형이었다. 베이지색 직사각형 상자, 커다란 베이지색 모니터, 베이지색 키보드 그리고 베이지색 마우스였다. 컴퓨터 속에 들어 있는 기술은 나날이 향상되어 갔지만, 겉모습은 좀처럼 변하지 않았다.

1998년 8월, 애플은 화려한 색의 반투명한 플라스틱 몸체를 자랑하는 **아이맥** G3을 출시했다. 베이지색 컴퓨터의 바닷속에서 아이맥은 단연 돋보였다.

아이맥은 출시부터 일체형 디자인을 선보였다. 핸들이 위에 달린 물방울 모양의 하드웨어 안에 모니터, 프로세서, 하드 드라이브가 한데 들어 있었다. 반투명한 플라스틱 몸체를 통해 컴퓨터 내부가 훤히 보였다. 동시에 반투명한 키보드와 마우스가 함께 세트로 출시됐다. 그당시 애플의 CEO 스티브 잡스는 아이맥이 다른 별에서 온 제품처럼 보인다고 말하기도 했다.

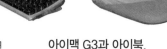

아이맥 G3과 아이북.

사실 아이맥은 다른 컴퓨터와 크게 다른 점이 없었지만 인터넷을 쉽게 사용하도록 디자인됐다. 인터넷에 접속하는 전화 모뎀이 내장되어 있어 사용자 입장에서 편리했다. 반면 다른 컴퓨터들은 추가 장치가 있어야지만 인터넷에 접속할 수 있었다.

1998년 끝 무렵, 아이맥은 날개 돋친 듯 팔려나갔다. 컴퓨터를 사용하는 방식의 변화 없이 디자인만으로 극적인 효과를 불러일으킨 것이다. 기존의 제품과 달리 아이맥은 컴퓨터가 투박하고 단조로워야 한다는 신화를 깨부쉈다. 이제 경쟁사들은 앞다투어 자신들의 제품을 부드러운 곡선과 색감으로 디자인했다.

> **❝** 소비자들은 분홍, 밝은 초록, 보라, 주황, 밝은 파란색의
> 다섯 가지 색깔의 아이맥 중 하나를 고를 수 있었다. **❞**

아이맥의 성공으로 애플은 개인용 컴퓨터 제조회사의 리더로 자리매김했다. 이후 아이맥을 허브로 삼는 여러 제품이 새롭게 개발됐고, 2001년에 아이팟, 2007년에 아이폰, 2010년에 아이패드가 출시됐다. 아이맥은 애플에 엄청난 성공을 안겨줬다. 조나단 아이브가 아이맥을 디자인한 순간부터 컴퓨터는 작업 장치에서 매력적인 외형을 지닌 장치로 탈바꿈했다.

소비자 전자 제품은 의사소통, 정보 공유, 오락용 콘텐츠 소비 방식을 모두 변화시켰다. 그리고 디자인은 제품을 선택할 때 가장 중요한 기준 중 하나가 되었다. 기술 발전과 함께 스마트 홈, 스마트 자동차, 스마트폰은 앞으로도 계속해서 변화할 것이다. 산업디자이너에게 미래의 전자 제품은 아무도 상상하지 못한 디자인을 펼칠 무대로 남겨져 있다.

 알·고·있·나·요·?

에너지 사용량을 비교했을 때, 아이맥 7세대 절전모드는 초기 모델보다 에너지를 96%나 적게 사용한다.

 생각을 키우자!

전자 기기의 디자인은 판매율에 어떤 영향을 미치는가?

탐·구·활·동

그때와 지금

1970년대 최초의 가정용 컴퓨터가 도입된 이후, 개인용 컴퓨터의 디자인에 급격한 변화가 찾아왔다. 컴퓨터의 역사에 대해 알고 싶다면 아래의 웹사이트에서 정보를 찾을 수 있다.

1> **초기 컴퓨터와 최신 컴퓨터를 각각 한 대씩 골라 비교하라.** 책과 인터넷을 통해 각 컴퓨터의 디자인과 개발 과정을 조사해 보자. 아래의 질문을 곰곰이 생각하며 정보를 모으자.

* 각 컴퓨터는 어떤 문제를 해결했는가?

* 디자이너는 디자인 과정에서 어떤 결정을 내렸는가?

* 각 컴퓨터의 형태는 기능과 어떤 관계가 있는가?

* 디자이너는 어떤 미적 결정을 내렸는가? 그 시대의 유행을 어떻게 반영했는가?

* 인체 공학적 디자인, 친환경 디자인에 대한 고려가 있었는가? 어떻게 이뤄졌는가?

* 당시 기술은 디자인에 어떤 영향을 미쳤는가?

* 과거 컴퓨터와 현재 컴퓨터의 공통점과 차이점은 무엇인가?

2> **두 대의 컴퓨터를 비교 분석한 자료를 표로 정리하라.**

이것도 해 보자!

최신 컴퓨터들의 화면 크기, 색상, 모양, 재료, 기술에 대해 알아보자. 컴퓨터마다 공통점과 차이점은 무엇인가? 특정 집단의 소비자마다 매력적으로 느끼는 기능은 무엇인가?

전기 회로도 그리기

전자 제품 디자이너는 전기 회로와 회로 설계에 대한 지식을 갖춰야 한다. 전기 회로를 설계할 때, 설계자들은 단어나 그림 대신 기호를 사용한다. 기호는 무엇인가를 나타내는 문자나 부호이다. 기호를 이용하면 전기 회로도를 쉽게 그릴 수 있고, 다른 사람도 쉽게 이해할 수 있다. 아래의 사이트에서 전기 회로 설계자들이 사용하는 기호에 대해 알아보자.

전기 회로도는 회로의 연결과 부품을 나타낸다. 회로판의 실제 배열이 아닌, 부품 간의 연결과 전기의 흐름을 추상적으로 보여준다. 전기 회로도를 그려보면 공학자들이 회로 만드는 방법을 더 잘 이해하게 될지도 모른다. 예를 들어, 간단한 회로에는 스위치, 전원(배터리), 부하(전구) 및 도체(전선)의 네 부분이 있다. 여러 가지 다양하고 간단한 회로도를 살펴보자.

>> **아래의 상황에 맞춰 전기 회로도를 그려보자!**

* D 셀 배터리 3개를 배터리 팩에 넣어 전구 3개가 있는 회로에 전력을 공급한다.
* 회로에 배터리셀, 전구, 스위치를 하나씩 배치하여 스위치로 전구를 켜고 끌 수 있도록 한다.
* D 셀 배터리 3팩으로 플래시라이트 전구의 불을 밝히는 회로를 만든다.

이것도 해 보자!

나만의 전기 회로도를 그려보자. 다른 사람들이 회로도를 보고 어떤 전기 회로인지 이해하는가?

신제품 디자인하기

디자이너들은 기존 제품에 기능을 더하거나 빼고, 재료를 바꾸고, 크기와 모양을 바꿔 유용하고 매력적인 신제품을 만들기도 한다.

1〉 매일 사용하는 전자 제품의 리스트를 작성하라. 스마트폰, 스마트 워치, 텔레비전, 아이팟, 비디오 게임 콘솔, 스피커, DVD 플레이어, 계산기, 알람 시계, 저울 등 여러 가지가 있을 것이다. 이 가운데 하나를 골라보자.

2〉 아래의 질문에 답하라.
* 이 제품을 왜 사용하는가?
* 가장 좋은 기능과 가장 싫은 기능은 무엇인가?
* 어떤 작동 방식이 가장 마음에 들지 않는가?
* 어떤 기능을 추가할 것인가?

3〉 디자이너처럼 생각하라. 제품에 어떤 변화를 줄 것인가? 어떤 기능을 추가하고 어떤 기능을 뺄 것인가? 아이디어를 스케치로 그려보자. 디자이너들은 최종 디자인을 정하기 전까지 아이디어 스케치를 여러 장 그린다는 사실을 명심하자.

4〉 최종 디자인대로 간단한 모형을 제작해 보자. 크기가 알맞은가? 사용감은 편리한가? 추가로 변경해야 할 점이 있는가?

이것도 해 보자!

제품이 아닌 과정을 리디자인해 보자. 옷을 입는 과정, 버스 정류장까지 걸어가는 과정 등 생활 속의 행동을 변화시켜 더 좋은 결과를 끌어내 보자.

91쪽 **컴퓨터 활용 디자인(computer-aided design):** 2차원 및 3차원 도면을 만드는 데 사용되는 소프트웨어.

91쪽 **시각화(visualization) :** 보이지 않는 것을 나타내어 보여준다.

91쪽 **가상 모형(virtual):** 컴퓨터 기술을 이용하여 실제처럼 보이게 하는 현실.

92쪽 **도안(drafting):** 생산이나 건축 계획을 나타낸 그림.

92쪽 **단조로운(tedious):** 지치고 느리고 따분한.

92쪽 **컴퓨터 활용 생산(computer-aided manufacturing, CAM):** 컴퓨터를 사용하여 부품 또는 프로토타입을 제작하는 일.

92쪽 **정밀(precision):** 정확함.

92쪽 **DAC(Design augmented by computer):** 1960년대 중반 개발된 초창기의 CAD 프로그램.

93쪽 **치수(dimension):** 높이, 길이, 폭 및 깊이와 같은 측정값.

96쪽 **시뮬레이션(simulation):** 실제와 비슷한 가상 환경.

97쪽 **컴퓨터 활용 산업디자인(computer-aided industrial design, CAID):** 제품의 외형과 촉감을 만드는 데 사용되는 디자인 소프트웨어로 기존 소프트웨어보다 창의적으로 활용된다.

97쪽 **기술적(technical):** 과학이나 기술과 관계가 있거나 기술에 의한.

97쪽 **텍스처 맵핑(texture mapping):** 3차원 모형의 표면에 패턴이나 이미지를 적용하여 더욱 사실적으로 보이게 하는 기술.

97쪽 **벡터 이미지(vector image):** 컴퓨터 메모리에 점, 선, 면으로 저장되는 디지털 이미지.

97쪽 **그리드 스내핑(grid snapping):** 보이지 않는 격자무늬(그리드)를 이용하여 수직선이나 수평선을 정확하게 긋는 일.

99쪽 **인공(prosthetic):** 사람이 만든 신체 부위.

100쪽 **코드(code):** 컴퓨터 프로그램의 다른 이름.

100쪽 **방해(hinder):** 막거나 어려움을 줌.

100쪽 **변환 소프트웨어(conversion software):** 종이에 그린 스케치를 벡터 이미지로 바꾸는 소프트웨어.

5장

컴퓨터를 활용하는 디자인

제품을 디자인하는 일은 보기 좋은 외형을 만드는 것 이상이다. 산업디자이너들은 사용자가 제품을 편리하게 사용하도록 작동 방식을 디자인한다.

디자이너들은 **컴퓨터 활용 디자인**(CAD) 소프트웨어로 아이디어가 구현됐을 때 어떤 형태인지 확인하고 작동 방식을 미리 탐색한다. CAD 소프트웨어는 종이에 그린 디자인을 컴퓨터에 옮겨 디자인 과정을 더 빠르고 효율적으로 만들어 준다. 산업디자이너들은 패션에서부터 자동차 제조에 이르기까지 모든 디자인 과정에서 CAD 소프트웨어를 활용한다. 디자이너는 어떤 디자인이라도 CAD 소프트웨어를 활용하여 아이디어를 구현한다. 그리고 디자인을 **시각화**하고 **가상 모형**을 제작한다.

🌱 생각을 키우자!

초보 디자이너에게 CAD는 어떤 장점과 단점이 있을까?

⚙ CAD의 역사

CAD 이전, 모든 디자인 작업은 손으로 이루어졌다. 수년 동안 디자이너들은 종이에 연필이나 **도안(제도)** 도구로 디자인을 그렸다. 그런 이유로 디자인 작업은 **단조롭고** 시간이 오래 걸렸다. 작은 실수라도 하면 처음부터 다시 그려야 했다.

제2차 세계 대전 동안 디자인 작업에도 조금씩 변화가 나타났다. 전쟁은, 주로 군사적 목적이긴 하기만, 새로운 기술의 발전을 이끌었고 그중에는 컴퓨터도 있었다. 초기 컴퓨터가 등장한 이후 수십 년 동안 기술이 발전하며 컴퓨터는 작아지고 빨라지고 더 강력해졌다. 그리고 CAD 소프트웨어가 탄생했다. CAD가 개발되면서 산업디자인 과정을 완전히 변화시켜 제품 디자인 기획부터 수정까지 쉽고 간편해졌다.

CAD는 1950년대와 1960년대에 걸쳐 서서히 등장했다. 1957년 제너럴 일렉트릭에서 근무하던 패트릭 핸래티(1942~)는 최초의 상업용 **컴퓨터 활용 생산(CAM)**시스템을 개발했다. 수치 관리 프로그램 시스템이라는 뜻으로 프론토(PRONTO)라고 불린 이 시스템은 제조 공정에서 기계를 자동화하는 데 사용됐다. 부품의 생산을 담당하는 기계와 통신하는 형식이다.

그로부터 5년이 지난 1964년, 이반 서덜랜드(1938~)는 매사추세츠 공과대학교에서 근무하는 동안 혁신적인 CAD 프로그램인 스케치패드를 개발했다. 서덜랜드의 시스템은 CAD 산업 발전의 시발점이라고 볼 수 있다.

디자이너들은 스케치패드와 라이트 펜으로 컴퓨터 모니터에 직접 그림을 그렸다. 핸래티와 서덜랜드의 발명은 오늘날 사용하는 CAD의 밑거름이 됐다. 그들이 만든 CAD의 초기 버전을 기본으로 하여 이후 더 복잡한 프로그램이 만들어졌다.

> ❝ CAD 소프트웨어는 항공 우주 및 자동차 산업 등에서 처음 사용되었다. ❞

항공 우주 산업과 자동차 산업디자이너들은 손으로 디자인하기보다는 CAD 소프트웨어로 **정밀**하고 빠르게 디자인하는 것을 선호했다. 그 당시 CAD는 개인이 소매점에서 구매할 수 있는 상품이 아니었다. 회사마다 소프트웨어 개발자를 고용하여 필요한 CAD 프로그램을 따로 개발해야 했다. 핸래티는 1960년대 중반 제너럴모터스 연구소에서 초기 CAD 시스템 가운데 하나인 **DAC**의 디자인에 참여했다.

최초의 3차원 CAD 소프트웨어는 1970년대에 개발됐다. 디자이너들은 이제 3차원 이미지를 컴퓨터로 만들어 냈다. 범용 CAD 소프트웨어도 인기를 끌었고, CAD는 제품 디자인 과정의 핵심 도구로 자리 잡았다. 1981년 IBM은 최초의 개인용 컴퓨터를 출시했고, 이때부터 CAD 소프트웨어는 디자인에 없어서는 안 될 도구가 됐다.

⚙ 디자이너들은 CAD를 어떻게 활용할까?

CAD가 만들어지자 디자이너의 작업 방식에도 많은 변화가 찾아왔다. CAD 소프트웨어는 복잡한 작업을 한꺼번에 수행할 수 있게 만들어 주었다. 특히 제품 디자이너들은 CAD 소프트웨어로 디자인하면서 동시에 그 과정을 기록한다. CAD 소프트웨어는 빠른 속도로 종이와 펜을 대체했다. 이제 디자이너들은 CAD 소프트웨어로 2차원 이미지나 3차원 모형을 만들어 이리저리 돌려보고 확인한다. CAD 소프트웨어 이미지는 최종 제품과 거의 흡사하기 때문이다.

특징적으로 구분하자면 2차원 CAD 모형은 제품의 치수를 표시하는 데 사용된다. 제품의 높이, 길이, 폭이 어느 정도인지 표시하여 제품의 구조와 생산에 필요한 정보를 기록한다. 3차원 CAD 모형은 부품을 살펴보기에

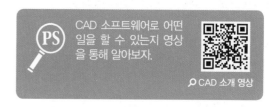

PS CAD 소프트웨어로 어떤 일을 할 수 있는지 영상을 통해 알아보자.

🔍 CAD 소개 영상

편리하다. 사물 전체의 크기와 모양뿐만 아니라 각 부품이 어떻게 작동하는지 보여주기 때문이다. 제품을 만들 때, 복잡한 부품을 사용한다면 3차원 CAD 모형이 큰 도움을 줄 것이다.

무엇보다 CAD는 제품 개발 과정에 걸리는 시간을 단축한다. 수정 사항이 생겨도 도안을 처음부터 다시 그릴 필요가 없다. CAD 디지털 파일에서 필요한 부분만 수정하면 된다. 디자인이 끝나면 재료, 설계, **치수** 등의 정보가 담긴 파일을 자동으로 생성한다

❝CAD 소프트웨어가 하는 일은 스케치를 그리고 시각적 모형을 만드는 것 이상이다.❞

제품 디자인 너머

CAD 소프트웨어는 제품 디자인뿐만 아니라 다른 여러 분야에서 유용하게 사용된다. 예를 들어, CAD 소프트웨어로 소수의 사람에게만 필요한 생산 도구를 만들 수 있다. 혹은 공장을 효율적으로 설계하기도 한다. 제품이 수명을 다한 뒤 제품 처리를 CAD 소프트웨어로 설계하기도 한다. 이뿐만 아니다. 중국에 있는 상하이 타워에는 세상에서 가장 빠른 엘리베이터와 가장 높은 전망대가 있다. 이 상하이 타워를 디자인한 도구가 바로 CAD 소프트웨어다. 공학자와 디자이너는 CAD 소프트웨어의 도움으로 바람이 심하게 부는 상하이의 환경에 맞춰 디자인 계획을 세울 수 있었다.

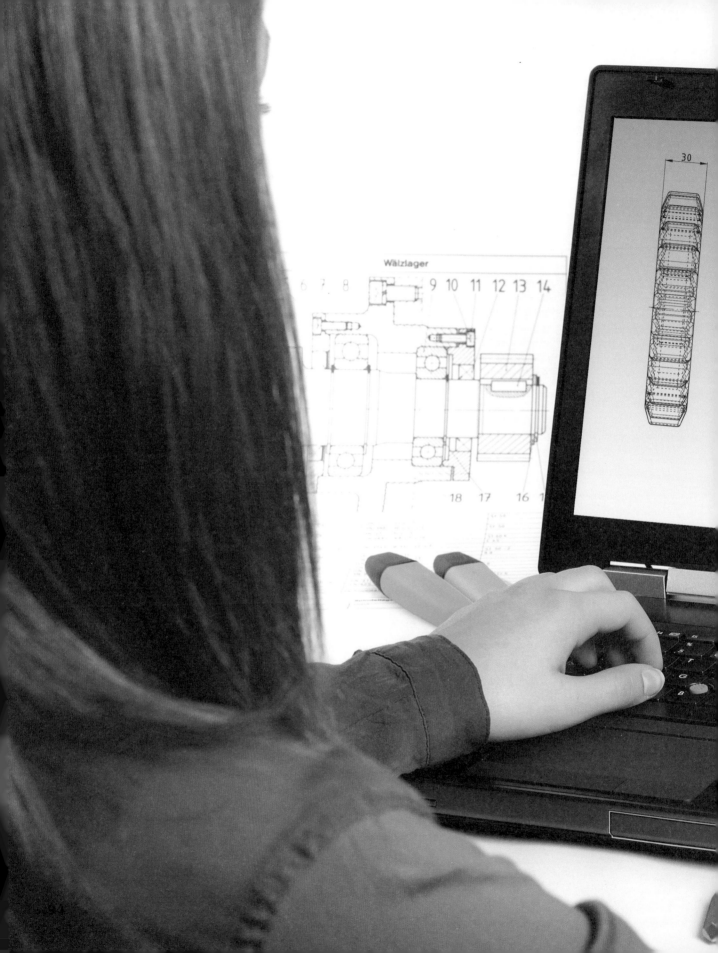

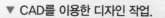
▼ CAD를 이용한 디자인 작업. 출처: Thomas-Soellner

오늘날 디자이너들은 디자인의 **시뮬레이션** 분석을 위해 CAD 소프트웨어를 활용한다. 시뮬레이션은 현실과 아주 비슷한 가상 환경을 만들어 내기 때문에 제품이 실제로 어떻게 작동하는지 실험해 볼 수 있다. 프로토타입 없이도 제품이 열, 압력, 힘 같은 기타 물리적 조건에 어떻게 반응할지 실험한다. 시간과 비용을 훨씬 절약하면서 말이다.

의자를 디자인한 경우, 의자가 어느 정도 무게까지 견디는지 시뮬레이션을 통해 확인한다. 만약 가상 의자가 특정 무게를 견디지 못하고 금이 간다면, 디자인을 수정하여 의자를 더 튼튼하게 만들어야 한다.

 알·고·있·나·요·?

오늘날 만들어지는 제품 대부분은 CAD 소프트웨어의 도움으로 디자인된다.

❝ CAD 소프트웨어는 최악의 환경을 시뮬레이션으로 만들어 제품을 테스트해볼 수 있다. ❞

실제로는 인위적으로 만들기 힘든 극한 상황까지도 말이다. 회오리바람이 몰아치는 날 텐트 안에서는 어떤 일이 벌어질까? 시뮬레이션으로 실험이 얼마든지 가능하다. 공학자와 디자이너들은 CAD 소프트웨어로 제품 생산 전에 디자인 결함을 찾아내고 수정하여 시간과 비용을 아낄 수 있다.

 전문 디자이너들은 유료 CAD 소프트웨어를 사용하지만, 초보자가 사용할 수 있는 간단한 무료 CAD 프로그램도 있다. 아래의 웹사이트를 통해 CAD 디자인 작업을 경험해 보자.

🔍 무료 CAD 소프트웨어

⚙️ 컴퓨터 활용 산업디자인

컴퓨터 활용 산업디자인(CAID)은 CAD 소프트웨어의 한 종류다. CAD와 CAID 소프트웨어 모두 3차원 모형을 만들 수 있지만, CAD는 더 **기술적**이고 CAID 소프트웨어는 더 예술적이다.

CAID 소프트웨어는 자유도가 높아 물체의 모양과 구조를 이리저리 바꿔가며 실험해 볼 수 있다. 산업디자이너들은 CAID 소프트웨어의 시각화 도구를 활용하여 여러 이미지를 만들어 낸다. 사진을 찍은 것처럼 실감나는 이미지를 만들기도 한다. 3차원 모형 표면에 그림이나 패턴을 적용하여 사실감을 부여하는 **텍스처 매핑** 기술을 사용하기도 한다. 또한, 모형의 표면을 다양하게 강조하여 좀 더 실제처럼 보이게 할 수 있다.

> **❝ CAID는 풍부한 예술적인 표현이 가능하지만 정교함에서는 CAD를 따라잡지 못한다. ❞**

디자이너들은 종종 두 가지 소프트웨어를 함께 사용한다. CAID로 새로운 디자인 파일을 생성한 뒤 CAD 시스템에서 사용할 수 있는 파일로 변환한다. CAD에서 다시 파일을 열어 기술적인 부분을 보완한다. 보다 정확한 제품을 완성하기 위함이다.

⚙️ 정밀하고 세밀한 디자인

CAD로 디자인하면 어떤 이점이 있을까? 가장 큰 이점 중 하나는 디지털 스케치나 3차원 모형을 정교하게 만들고 세밀하게 조절한다는 점이다. 사람이 손으로 스케치를 그리면 자잘한 실수를 피할 수 없다. 하지만 CAD 소프트웨어는 **벡터 이미지**를 사용한다. 벡터 이미지는 수학 공식을 이용해 그린 그림이다. CAD 소프트웨어는 수학 공식을 직선이나 곡선으로 연결된 점으로 변환한다. CAD 그래픽 구성 요소는 모두 이렇게 만들어진다. 벡터 이미지는 디자인의 크기를 조절해도 정확도가 유지된다는 장점이 있다.

CAD 소프트웨어는 그림을 정확하게 그리도록 여러 도구를 제공한다. 그 가운데 하나가 **그리드 스내핑**이다. 투명한 격자무늬를 이용하여 가로세로 선을 정확하게 그을 수 있다. 이런 도구를 사용하면 특정한 길이, 면적, 부피에 꼭 맞춰 디자인을 그릴 수 있다.

알·고·있·나·요·?

솔리드웍스(SolidWorks)는 제품 디자인을 위한 CAD 소프트웨어로 잘 알려져 있다. 입체 모형 소프트웨어로 3차원 모형을 쉽고 빠르게 만들고 편집한다. 등산하거나 자전거를 탈 때 이용하는 카멜백은 솔리드웍스의 도움으로 디자인된 제품일 가능성이 높다.

⚙ 디자인을 3차원으로 확인하기

산업디자인 과정에서 3차원 모형으로 디자인을 확인하는 일은 매우 중요하다. 실제 제품의 디자인이 의도대로 작동하는지, 또 미적으로 만족스러운지 검토하는 가장 좋은 방법이다. 전통적인 디자인 작업으로는 이러한 확인이 어렵다. 2차원인 종이에 그림을 그려 3차원 물체를 만들 수는 없기 때문이다. 하지만 CAD 소프트웨어를 이용하면 3차원 모형을 손쉽게 만들어 낸다. 처음부터 3차원 모형으로 디자인하거나 2차원 디자인을 3차원으로 변환하기도 한다.

3차원 디자인은 여러 장점이 있다. 디자인 단계에서부터 완성 제품과 비슷한 가상 물체를 만들어 여러 각도에서 확인하고 이리저리 움직일 수도 있다. 또한, 표면을 투명하게 만들어 내부 부품도 확인하기도 한다. 3차원 모형을 보며 오류를 찾아내고 예비 소비자에게 피드백을 받아 디자인을 수정할 수도 있다.

CAD 소프트웨어 이전에는 이런 일들이 프로토타입을 만들고 나서야 가능했다. 하지만 CAD 소프트웨어를 사용하면 디자인 과정 단계마다 물리적인 프로토타입을 제작할 필요가 없다. 당연하지만 시간과 비용을 줄일 수 있다.

> **❝** CAD 소프트웨어의 3차원 가상 모형은 디자인 작업을
> 효율적으로 만들었고 동시에 시간과 비용을 절약하게 해주었다. **❞**

3D 프린팅

3D 프린팅은 CAD 디자인의 가장 흥미로운 프로그램 중 하나다. 3D 프린터는 재료를 층층이 쌓아 올려 3차원 디지털 모형을 물리적인 물체로 출력해내는데, 형태의 큰 제약을 받지 않는다. 디자이너들은 3D 프린터를 이용하여 프로토타입과 모형을 만들어왔다. 3D 프린터는 자동차나 항공 우주 산업에서 처음 활용되기 시작하여 근래에는 의료 사업으로 그 적용 범위를 넓혀가고 있다.

인공 팔다리 만들기

CAD 소프트웨어로 **인공** 팔다리를 만드는 날이 곧 올 것이다. 현재 인공 팔다리를 만들려면 실제 사람의 신체를 틀로 떠서 손으로 다듬어야 한다. CAD 소프트웨어를 이용하면 팔다리를 스캔한 디지털 이미지를 3차원 모형으로 만들어낼 수 있다. 필요에 맞춰 다듬은 뒤 이를 바탕으로 모형을 제작하면 된다. 2017년 한 연구에서 발목과 무릎 사이가 절단된 환자를 위해 인공 다리를 만드는 데 전통적인 방식과 CAD 모형 방식 두 가지를 비교했다. 환자들은 CAD 소프트웨어로 만든 인공 다리에 더 빠르게 적응했다. 그들은 더 많이, 더 힘차게 걸었고 고통을 적게 느꼈다.

이전에는 기존 디자인 과정을 수정하려면 스케치부터 다시 시작해야 했다. 스케치를 그리다 실수를 하면 지우개로 지우고 또 처음부터 다시 그려야만 했다. 시간이 엄청나게 오래 걸리는 일이었다.

CAD 소프트웨어로 디자인하면서 실수를 두려워할 필요가 없어졌다. 취소 버튼으로 간단하게 되돌리기 때문이다. 대규모 수정도 어렵지 않다. 전체 디자인의 부분을 뚝 떼어내 수정하고 다른 부분은 고스란히 남겨둘 수 있다. 큰 실수를 했다면 저장해 둔 디자인 파일로 실수하기 이전 시점부터 다시 시작하기도 한다.

이미 출시된 제품을 다시 디자인할 때 CAD 소프트웨어는 그 과정을 훨씬 간편하게 만들어 준다. 디자인 과정을 처음부터 다시 시작할 필요 없이, 이전 디자인 파일을 불러들여 일부 기능을 편집하면 된다. 클릭 몇 번으로 색상과 재료를 바꿀 수 있다. 맞춤 디자인도 쉽고 빠르게 만든다.

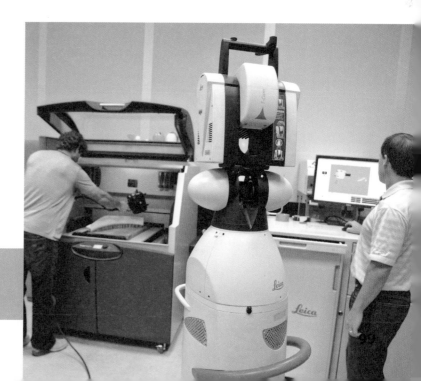

엔지니어들이 항공기 부품을 디자인하여 출력하고 있다.
출처: Kelly White, U.S. Air Force

99

&& CAD 디자인으로 제품이 다양한 조건에서 어떻게 반응할지 테스트할 수 있다. **99**

이제 디자이너들은 프로토타입을 제작하기 보다 CAD로 디자인을 테스트하곤 한다. CAD 소프트웨어로 만든 디자인은 자동으로 **코드** 변환되어 생산 기계로 전송된다. 이를 통해 제품 제조 과정이 정밀해지고 효율적으로 변했다.

⚙ CAD 소프트웨어의 그림자

많은 장점에도 불구하고 CAD 소프트웨어가 완벽한 것은 아니다. 종이에 연필로 밑그림을 그리는 전통적인 방식이 문제 해결에 더 큰 도움이 된다고 믿는 사람들도 있기 때문이다. 손으로 스케치를 그리는 일이 창의적인 문제 해결 능력을 개발시킨다는 것이다. 이를 컴퓨터 스크린과 마우스로 대체하면 자유롭게 생각을 떠올리는 과정을 **방해**한다고 주장한다.

게다가 CAD 소프트웨어가 디자이너를 제품의 겉모습에만 치중하게 하고 기능이나 작동 방식에는 신경을 덜 쓰게 만든다고 말하는 사람도 있다. 컴퓨터가 디자인 과정을 효율적으로 만들어도 문제를 충분히 이해하지 못하고 보기에만 좋은 제품을 만든다면, 소비자의 요구를 제대로 충족시키지 못할 것이다.

이러한 단점을 보완하고자 스케치 도구 장치를 추가한 CAD 소프트웨어가 개발됐다. 이는 디자이너들이 태블릿이나 터치스크린에 직접 스케치하는 도구다. 스케치는 디지털 파일로 변환된다. 이렇게 하면 CAD를 사용하면서도 문제 해결을 위한 창의적인 불꽃을 꺼뜨리지 않는다는 것이다. 게다가 연필로 스케치하는 디자이너들을 위한 **변환 소프트웨어**도 있다. 변환 소프트웨어는 그림 스케치를 벡터 이미지로 바꾸어준다.

CAD 소프트웨어는 어떤 제품이라도 디자인한다. 작은 그릇에서부터 자동차와 같은 크고 복잡한 기계까지 모두 가능하다. 우리 주변에 거의 모든 것들이 CAD 소프트웨어의 3차원 모형으로 디자인됐을지도 모른다! 반면, 이 훌륭한 도구는 디자인 과정을 쉽고 간편하게 효과적으로 바꿨지만, 산업디자인의 목표까지 해결해 주지 않는다!

📐 **알·고·있·나·요·?**

CAD 소프트웨어는 영화나 광고에서의 특수 효과를 위한 컴퓨터 애니메이션을 만들 수 있다.

🌱 **생각을 키우자!**

초보 디자이너에게 CAD는 어떤 장점과 단점이 있을까?

CAD로 디자인하기

팅커캐드는 간단한 3차원 모형을 만드는 온라인 앱이다. 디자이너뿐만 아니라 취미로 공작을 배우는 사람들이 팅커캐드로 프로토타입, 장난감, 장신구 등을 만든다. 자신만의 CAD 디자인을 만들고 싶다면, 우선 기초부터 배워보자.

1> 팅커캐드 웹사이트를 방문해 보자. 이 사이트에서 무료 계정을 만들기 위해서는 보호자의 허락이 필요하다.

2> 계정을 만들었다면, "학습"을 통해 "여섯 가지 기초 기술(6 Basic Skills)" 수업을 완료하자.

3> 수업을 다 들었다면 새 프로젝트를 생성해 보자. 작업 판과 사물의 조작이 익숙해질 때까지 아래의 기초 기술을 모두 연습하라.

* 작업 판에 사물 추가하기　　* 사물 옮기기　　　　* 사물 그룹화하기
* 재료 잘라내기　　　　　　* 사물 그룹화 풀기　　* 색깔 바꾸기
* 크기 바꾸기　　　　　　　* 숫자 및 글자 추가하기

4> 디자인 작업대에 대해 알아보자. 아래의 기능으로 간단한 디자인을 만들어 보자.

* 캐릭터　　　　　　* 모양 생성　　　　　* 뒤집기

이것도 해 보자!

팅커캐드는 완성된 디자인을 블록이나 벽돌 형태로 바꾸는 기능이 있다. 작업대에서 이 기능을 찾아 사용해 보자.

CAD로 축소 모형 만들기

CAD 소프트웨어로 제품의 축소 모형을 만들 수 있다. 축소 모형은 실물보다 크기만 작게 만든 모형이다. 축소 모형은 디자인을 점검하거나 실제 제품을 제작할 때 참고용으로 사용된다.

1> **잘 알려진 명소를 골라보자.** 에펠 탑, 엠파이어 스테이트 빌딩, 워싱턴 기념탑, 빅벤 가운데 골라도 좋다. 책이나 인터넷으로 명소를 조사하여 수치, 재료 등 중요한 특징을 조사해 보자.

2> **팅커캐드로 명소의 모형을 만들어 보자.** 수치는 환산 계수를 이용하여 변환하면 된다. 예를 들어 10미터는 1센티미터로 변환할 수 있다. 명소의 높이가 500미터, 넓이가 100미터라면 모델에서는 이 수치는 높이가 50 센티미터(500m ÷ 10), 넓이가 10센티미터(100m ÷ 10)로 변한다. 이렇게 하면 실제 명소의 비율이 그대로 모델에 적용된다.

 알·고·있·나·요·?

레고 블록으로 모형을 만들어 본 경험이 있는가? 2012년 레고 회사는 CAD를 이용하여 2.5미터 높이의 공룡 모델을 제작했다.

3> **축소 모형을 완성했다면, 다른 친구들에게 피드백을 받아 보자.** 피드백을 바탕으로 디자인을 다시 하고 모형을 다시 만들라. 수정이 더 이상 필요 없어질 때까지 반복해 보자.

이것도 해 보자!

완성한 축소 모형을 다시 2배로 크게 만들어 보자. 어떻게 하면 쉽게 만들 수 있을까?

CAD로 나만의 디자인 만들기

1> 팅커캐드를 이용하여 나만의 디자인을 만들어 보자. 열쇠고리, 연필꽂이, 장난감 배 등 무엇이든 괜찮다. 디자인 과정을 하나하나 따라가 보자.

* 문제 파악하기
* 디자인 필수 조건 정하기
* 아이디어 떠올리기
* 가장 좋은 아이디어 고르기
* 해결책 다듬기
* 모형 및 프로토타입 만들기
* 테스트하고 리디자인하기

2> 디자인을 완성한 뒤, 아래의 질문에 답하라.

* 팅커캐드의 이용이 디자인 프로세스를 쉽고 빠르게 만들었는가?
* CAD 소프트웨어를 사용하는 데 단점이 있는가? 불편한 점이 있는가?

이것도 해 보자!

3D 프린터를 이용하여 디자인을 출력해 보자. 예상대로 출력되었는가? 설명해 보자.

중요 단어와 인물

디자인의 미래

모든 제품은 디자인부터 시작된다. 의자, 휴대폰, 커피 메이커, 우리가 사용하는 물건 모두가 그렇다. 산업디자인은 기능과 형태를 모두 고려하여 최적의 사용자 경험을 제공하면서도 사용자와 정서적 연결이 가능하도록 고민한다. 이를 잘 해결했는지에 따라 제품의 성공 여부가 결정된다.

오늘날 우리는 전 세계가 하나로 묶인 초연결 시대를 살고 있다. 시장의 규모가 커지면서 그 어느 때보다 산업디자인의 역할이 대두되고 있다. 좋은 디자인을 위해서는 사용자를 눈여겨 살펴보고 그들의 요구를 잘 이해해야 한다. 새로운 유행에도 민감해져야 할 것이다. 앞으로 다가오는 미래에 디자이너는 **지속 가능성, 사물인터넷**(IoT) 등 다양한 요소를 고려하여 디자인해야 한다.

생각을 키우자!

산업디자인의 미래는 어떤 모습일까?

⚙ 지속 가능한 해결책

　세계적으로 지속 가능성은 뜨거운 논쟁거리다. 지속 가능성의 정확한 뜻은 무엇일까? 어떤 사람들은 지속 가능성의 개념이 환경을 보호하는 일이라고 생각한다. 하지만 지속 가능성은 환경친화적인 것 이상의 의미를 지니고 있다.

　유엔에 따르면, 지속 가능한 디자인 혹은 지속 가능한 개발은 "미래 세대가 그들의 필요를 충족시킬 능력을 저해하지 않으면서 현세대의 필요를 충족시키는 발전"을 뜻한다. 이는 경제에 대한 요구와 환경에 대한 요구 사이에 균형을 잡는 일을 포함한다.

　지속 가능한 디자인에 대한 요구가 나날이 커지고 있다. 이를 위해 제품의 전체 **라이프 사이클**(제품의 수명)을 고려하는 것도 한 방법이다. 제품은 디자인에서부터 생산, 운송, 사용, **처분**에 이르기까지 많은 단계를 거치는데 각 단계가 제품 수명 주기의 부분을 이룬다. 단계마다 에너지를 절약하고 쓰레기를 줄인다면 어떨까.

❝ 재료와 에너지 사용을 줄이고 쓰레기 발생을 낮춰 지속 가능한 제품을 디자인할 수 있다. ❞

　환경친화적인 디자이너들은 독성이 없는 재료로 최소한의 에너지를 사용하여 제품을 생산하게끔 설계한다. 제조 과정에서도 쓰레기를 줄이려 애쓴다. 제품을 사용한 뒤 **재활용**하거나 재사용하게끔 디자인한다. 산업디자이너들은 책임감 있는 선택을 통해 지속 가능한 디자인을 완성할 수 있다.

환경친화적인 재료

지속 가능한 디자인은 아래와 같은 환경친화적인 재료를 사용하는 것을 의미한다.

- **비독성 재료**: 제품이 분해될 때 **독성** 물질이 환경으로 흘러 들어갈 가능성이 있어선 안 된다.
- **재료의 풍족성**: 원재료가 충분하여 고갈될 가능성이 작아야 한다.
- **생산 용이성**: 재료의 재배와 수확이 쉽게 이루어져야 한다.
- **재활용 가능성**: 대나무, 유기농 면, 코르크, 천연고무처럼 쉽게 재활용되어야 한다.
- **적은 쓰레기 발생**: 생산 과정에서 쓰레기 발생이 적어야 한다.
- **재활용된 재료이거나 재활용할 수 있거나, 생물 분해성이 있는 재료 사용**: 이미 재활용되었거나 재활용될 수 있어야 한다. 혹은 안전하게 흙으로 분해되어야 한다. 이런 재료를 사용하면 쓰레기를 적게 발생시킨다. 또한, 재료 준비에 필요한 에너지를 절약하게 된다.

유엔은 지속 가능성에 대해 어떻게 생각하는지 알아보자. 지속 가능성에 대한 국제적인 정의는 왜 중요한가?

지속 가능성에 대한 유엔의 보고서

▼ 나무가 자라는 건물은 지속 가능한 디자인의 예시가 될 수 있을까?

107

⚙️ 그린 에너지 디자인

에너지 절약의 중요성이 차츰 그 무게를 더해가고 있다. 석탄이나 석유 같은 화석 연료 에너지는 **유한한** 자원으로, 그 매장량이 점점 고갈되고 있다. 또한, 환경을 훼손한다.

화석 연료를 태우면 이산화탄소와 **온실가스**가 공기 중으로 방출되어 **지구 온난화**를 일으킨다. 제조사들은 에너지 사용량을 줄이려 노력하고, 소비자들은 에너지가 남기는 **탄소 발자국**에 대해 주의를 기울이고 있다.

> 66 에너지에 관한 관심이 높아지면서 그린 에너지 디자인이 그 어느 때보다 중요해졌다. 99

이제 우리 주변에서 어렵지 않게 에너지를 효율적으로 사용하게끔 설계된 제품들을 찾아볼 수 있다. 전등, 창문, 식기 세척기, 냉장고, 현관 모두 그린 에너지 디자인으로 만들어졌다. 이런 제품이 앞으로 더 늘어날 것이다.

사실 그린 디자인은 이미 우리 주변 곳곳에서 살펴 볼 수 있다. 친환경 또는 환경친화적 디자인을 총칭하는 개념이다. 환경 보호와 지속 가능한 에너지 등을 고려하여 디자인한 것을 말하기도 하며, 그러한 의식과 방식으로 제작된 디자인을 뜻하기도 한다. 많은 미래학자들은 그간 석유 종말 시대를 경고해 왔다. 그에 따라 고갈된 에너지를 대체할 만한 대체 에너지의 중요성이 거론되었다. 머지않은 미래에는 에너지 사용에 따라 빈부격차가 생길지 모를 일이기 때문이다. 산업 혁명으로 대량 생산이 가능해지고 산업디자인이 생겨난 것처럼, 이제는 그린 에너지, 그린 디자인을 통해 해답을 찾아야 할 때가 온 것이다. 디자인은 일상생활 속에 그린 에너지를 충분히 녹여낼 수 있는 기능을 가지고 있기 때문이다.

 알·고·있·나·요·?

무게 경량화는 지속 가능한 디자인의 한 전략으로, 제품을 만들 때 가능한 재료를 적게 사용하도록 설계하는 일을 뜻한다. 가벼워진 무게만큼 환경에 대한 부담도 가벼워진다!

사회적으로 영향을 미친 디자인

세상엔 도움이 필요한 사람이 참 많다는 사실을 알 수 있다. 산업디자인은 내전을 피해 도망친 난민이나 장애를 가지고 태어난 사람에게 도움의 손길을 내민다. 초경량 백팩, 휴대용 태양광 전등, 편리한 약통 디자인이 그중 한 예로 볼 수 있다. 우리 주변의 문제 가운데 어떤 것들을 디자인으로 해결할 수 있을까?

⚙ 사용자 경험 디자인

좋은 제품을 만들기 위해 사용자 경험(UX)을 고려한 디자인을 염두에 두어야 한다. UX 디자인은 사용자에게 좋은 기능과 만족감을 동시에 제공하는 제품을 만든다. UX 디자인은 사용자가 제품을 사용하며 겪는 모든 경험에 집중한다.

외형이 멋진 스마트폰이지만, 사용하기에 몹시 불편할 수가 있다. 앱을 설치하기 까다롭고 다른 기술들과 호환이 잘 안 된다면 이 스마트폰이 좋은 경험을 주었다고 말하기 어렵다. 이런 스마트폰을 과연 친구들에게 추천할 수 있을까?

사용자 경험은 어떻게 형성될까? 스마트폰을 새로 사면, 그 순간 스마트폰으로부터 어떤 인상을 받는다. 그 인상은 좋을 수도 나쁠 수도 있다. 스마트폰을 사용하며 인상이 변하기도 한다. 이 또한 좋은 방향일 수도 나쁜 방향일 수도 있다.

디자이너가 사용자 경험이 어떻게 형성되는지 이해하고 이를 디자인에 녹여내야 한다. 이를 위해 디자이너들은 WHY, WHAT, HOW로 질문해보아야 한다. 사용자들은 왜(WHY) 제품을 선택할까? 제품을 통해 무엇(WHAT)을 얻으려 할까? 디자인은 어떻게(HOW) 기능적 요구를 충족시킬 수 있을까? 이 질문들을 염두에 두고 디자인하면 소비자에게 좋은 경험을 주는 제품을 디자인할 수 있다.

> **❝ 애플의 아이폰은 성공적인 UX 디자인의 대표적인 사례다. ❞**

처음 아이폰이 출시됐을 때, 아이폰은 다른 휴대폰과는 차원이 다른 사용자 경험을 제공했다. 아이폰의 성공을 지켜본 경쟁사들은 자사의 제품이 주는 사용자 경험을 개선하기 위해 노력하기 시작했다.

디자이너는 디자인 과정을 진행하며 제품 매니저와 끊임없이 소통하고 협력한다. 제품 매니저는 아이디어와 프로토타입을 반복해서 테스트한다. 유명한 액션 카메라, 고프로는 UX 디자인으로 제품을 만들어 사용자에게 최고의 경험을 선사한다. 고프로는 사용자 피드백을 통해 철저하게 검증된 디자인만을 제품으로 생산한다.

고프로는 사용자 경험 데이터를 얻기 위해 독특한 프로그램을 운영한다. 직원들에게 휴가를 주고 고프로 카메라로 영상을 찍게끔 하는 것이다. 이 프로그램을 통해 직원들은 사용자의 눈으로 제품을 테스트하고 더 좋은 제품을 만들어 낸다.

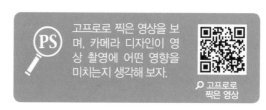

PS 고프로로 찍은 영상을 보며, 카메라 디자인이 영상 촬영에 어떤 영향을 미치는지 생각해 보자.

🔍 고프로로 찍은 영상

스마트 제품들은 어디에나 있다. 스마트 냉장고, 스마트 콘센트, 스마트 홈 시스템, 스마트 움직임 감지기들은 이미 우리 생활 속에서 쉽게 찾아볼 수 있는 제품들이다. 스마트 제품은 디자인과 최신 기술의 합작품이기 때문에, 스마트 제품을 디자인하려면 산업디자이너부터 소프트웨어 개발자, 공학자 등 여러 전문가가 팀을 이뤄 협력해야 한다.

스마트 제품은 인터넷에 연결되어 사물 인터넷(IoT)의 한 부분을 이룬다. 사물 인터넷은 사물들끼리 데이터를 실시간으로 주고받는 환경을 일컫는다. 스마트 제품들 속에 **내장**된 **센서**나 소프트웨어가 데이터를 수집하고 인터넷으로 데이터를 주고받는다.

❝ 사물 인터넷 기기들은 인터넷으로 데이터를 실시간으로 공유하여 분석하고 처리한다. ❞

우리가 흔히 인터넷에 연결하여 사용하는 컴퓨터나 노트북은 사물 인터넷 장치가 아니다. 사물 인터넷 장치들은 전통적인 방식으로 인터넷에 접속해서 사용하는 것이 아닌, 기기가 스스로 인터넷과 통신한다. 이런 이유로 스마트폰은 사물 인터넷 장치가 아니지만, 웨어러블과 같은 피트니스 밴드는 사물 인터넷 장치다.

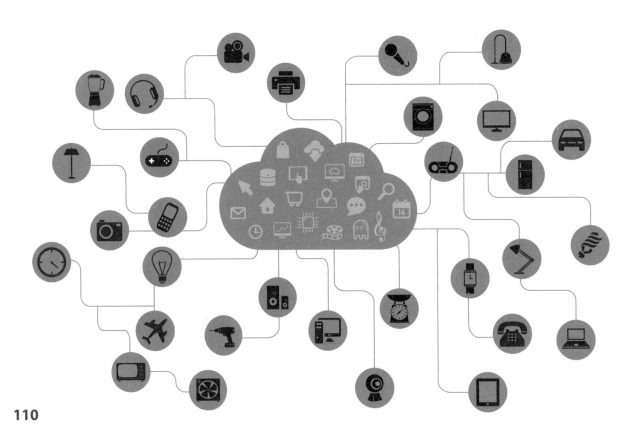

사물 인터넷 장치를 통해 수집된 데이터는 디자이너에게 매우 유용하다. 이전에는 제품이 출시되고 많은 사람이 사용한 뒤에나 디자인 결함을 발견할 수 있었으며, 제조사는 사용자 인터뷰를 통해 제품 피드백을 수집해야만 했다. 이는 시간이 어마어마하게 걸리는 일이었다.

이제 기업들은 소비자가 어떻게 제품을 사용하고, 어떤 기능을 선호하고, 또 어떤 기능을 사용하지 않는지 손쉽게 알 수 있다. 또한, 제품이 디자인 의도대로 작동하지 않는 경우를 바로 알아낼 수 있다. 이런 정보를 바탕으로 디자이너들은 디자인을 수정하고 제품을 개선한다.

> **66** 사물 인터넷 장치들은 관련 데이터를
> 실시간으로 수집하여 공학자와 디자이너에게 곧바로 전송한다. **99**

⚙ 클라우드 기반 CAD

예전에는 제품 디자인이 단계별로 이뤄졌고, 앞 단계가 완성되어야 다음 단계로 넘어갔다. 하지만 이제 여러 팀이 각 단계를 맡아 동시에 수행하기도 하고, 심지어 서로 다른 장소에서 일하기도 한다. 디자이너는 보스턴의 집에서, 의사 결정자는 시카고의 본사에서, 계약 업체는 스페인에서 일할 수 있다.

CAD 소프트웨어가 과거에는 디자인 과정에 변화를 일으켰고, 이제는 사람들이 함께 일하는 방식에도 변화를 꾀하고 있다. 일부 회사에서는 이미 **클라우드 기반** 서비스로 디자인 작업을 수행한다. 클라우드 기반 서비스를 이용하면 시간과 장소에 구애받지 않고 여러 사람이 함께 작업할 수 있기 때문이다. 단, 인터넷이 연결되어 있다면 말이다.

팀으로 프로젝트에 참여하면, 디자인이 수정되는 즉시 팀원에게 수정된 내용이 공유된다. 이를 통해 실수를 빠르게 수정하고 혁신적인 결과물을 만들어 낸다.

클라우드 컴퓨팅은 무엇일까?

클라우드 컴퓨팅은 인터넷을 통해 **서버**, 저장 장치, 데이터베이스, **네트워크**, 소프트웨어 같은 컴퓨팅 서비스를 사용하는 일이다. 즉, 데이터 저장용 컴퓨터 하드웨어나 기타 소프트웨어를 사지 않고도 클라우드 공급자에게서 필요한 것들을 빌려 쓸 수 있다. 클라우드 공급자는 데이터 저장 장치와 서버용 컴퓨터를 관리한다. 데이터나 소프트웨어를 사용하려면 인터넷을 통해 클라우드에 접속하여 이용하면 된다.

⚙ 가상 현실과 증강 현실

CAD 소프트웨어는 스케치를 3차원 이미지로 만들어 낸다. 그런데 이제 **가상 현실**(VR)이나 **증강 현실**(AR) 도구가 새롭게 추가되어, 한층 더 현실감 있는 이미지를 만들어 낸다. 즉, 디자인을 더 현실적인 이미지로 확인하는 작업이 가능해졌다는 뜻이다.

VR은 컴퓨터가 만든 가상 현실이다. 사용자는 가상 현실 속에서 마치 실제처럼 느끼고 반응할 수 있다. VR 헤드셋을 끼면 눈앞에 3차원 화면이 펼쳐지고, 머리나 몸이 움직이는 대로 화면이 즉각적으로 반응한다. 디자이너들은 디자인 과정의 단계마다 VR로 가상 모형을 만들어 확인하기 때문에 프로토타입이나 실제 제품을 만들기 전에 미리 문제를 찾아내 수정할 수 있다.

> **❝ 컴퓨터 기술이 발전함에 따라, VR 프로토타입은 실제 제품과 매우 비슷하게 보인다. ❞**

VR은 사용자에게 **실감** 나는 경험을 제공하기 때문에, 디자이너들은 마치 실제 제품을 가지고 테스트하는 것과 같은 경험을 하게 된다. 이를 통해 예상치 못했던 문제를 해결하고, 개선점을 찾아내고, 설계가 인체 공학적으로 알맞은지 확인한다.

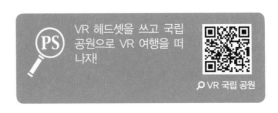

VR 헤드셋을 쓰고 국립 공원으로 VR 여행을 떠나자!

🔎 VR 국립 공원

AR은 VR과 비슷한 듯 하면서도 다르다. AR은 사용자가 보는 실제 환경에 추가적인 이미지를 **덧씌우는** 것이다. 즉, 실제 환경 속에서 상호작용하며 사용자에게 추가적인 정보를 제공하는 것이다.

어떤 사람들은 AR을 투시력에 비유하기도 한다. AR 기술을 이용하면 현실 세계에 가상 사물을 놓아두고, 어떻게 작동할 것인지 미리 꿰뚫어 볼 수 있기 때문이다.

디자이너들은 AR을 이용하여 디자인의 인체 공학적 측면을 점검하기도 한다. 예를 들어, 게임 컨트롤러 디자인을 AR로 테스트해 버튼이 사용하기 좋은 자리에 있는지 알아본다. 만약 버튼의 위치가 불편하면 다시 디자인한다. 공학자와 디자이너들은 이렇게 테스트하고 리디자인하는 과정을 반복하여 만족스러운 디자인으로 다듬는다.

오늘날 산업디자인은 과거에 손으로 물건을 만들던 공예가(장인)의 역할을 대체하고 있다. 디자이너들은 첨단 기술과 소프트웨어의 도움으로 사람들이 좋아하면서도 편리하게 사용할 제품을 창조해낸다. 하지만 디자이너들도 과거 공예가와 같은 목표로 물건을 만든다. 바로 문제를 해결하고 우리의 삶을 더 좋게 만드는 것이다.

 알·고·있·나·요·?

VR은 의료 산업과 군수 산업에서 특히 유용하게 활용되고 있다.

생각을 키우자!

산업디자인의 미래는 어떤 모습일까?

인체 공학적인 리모컨 디자인하기

디자이너들은 디자인 과정의 단계마다 인체 공학적 측면을 고려한다. 이는 제품이 우리 몸의 움직임에 알맞게 디자인되어 사용하기 편리하고 안전하도록 설계한다는 의미이다. 인체 공학적 디자인에서 **인체 측정학**은 중요한 부분을 차지한다. 인체 측정학은 말 그대로 우리 몸 각 부분의 수치를 측정하는 학문이다. 사람은 저마다 크기와 모양이 다르다. 공학자와 디자이너는 키, 팔길이 같은 수치를 활용하여 제품을 디자인한다. 우리도 디자이너가 되어 인체 공학적인 리모컨을 디자인해 보자!

1> **리모컨의 디자인 필수 조건을 확인하라.** 리모컨은 텔레비전을 켜고, 끄고, 채널을 바꾸고, 볼륨을 조절하고, DVD를 재생하는 데 사용된다. 그리고 전원, 재생, 숫자, 중지, 볼륨, 채널, 음소거 버튼이 필요하다.

2> **친구가 리모컨을 어떻게 사용하는지 관찰하라.** 친구에게 리모컨을 주고 아래의 동작을 시켜보자.
  * 전원 버튼 누르기
  * 숫자 버튼 누르기
  * 채널 버튼 누르기

3> **어떤 손가락으로 버튼을 누르는가?** 리모컨을 어떻게 쥐는가? 버튼을 누르기 편리한가? 관찰한 내용을 디자인 공책에 기록하라.

4> **디자인 필수 조건과 관찰을 바탕으로 친구의 손을 측정하라.** 리모컨의 크기와 버튼의 위치를 정하는 데 꼭 필요한 수치를 열 군데 측정해 보자.

5> **리모컨 디자인을 스케치하라.** 스케치에는 리모컨의 수치가 포함되어야 한다. 스케치는 여러 장 하는 것이 도움이 된다. 스케치를 마치면 골판지나 기타 재료로 프로토타입을 만들어라. 만약 프로토타입의 치수가 디자인 스케치와 일치하지 않는다면, 조정하라.

6> **프로토타입을 완성했다면, 친구에게 테스트해 보자.** 사용하기에 쉽고 편리한가? 수치를 조정해야 할 필요가 있다면 디자인을 수정하고 프로토타입을 다시 만들어 보자.

7> **친구의 손을 측정한 것은 디자인에 어떤 도움을 주었는 가?** 지금은 디자인하는 데 사용하지 않았지만, 나중에 사용할 가능성이 있는 수치가 있는가? 왜 지금이 아닌 나중에 필요한가?

 알·고·있·나·요·?

'인체 공학'(ergonomics)의 어원은 그리스어 '일'(ergo)과 '법'(laws)에서 유래했다.

이것도 해 보자!

리디자인하여 쉽고 편하게 쓰도록 개선할 수 있는 도구에는 무엇이 있을까? 인체 공학적 디자인을 하기 위해서는 어떤 치수가 필요한가?

나의 탄소 발자국은 얼마나 클까?

지속 가능한 제품에 대한 요청이 거세지고 있다. 지속 가능한 디자인을 가능하는 기준 중 하나가 탄소 발자국이다. 탄소 발자국은 내가 하는 행동, 내가 사용하는 제품으로 인해 얼마나 많은 이산화탄소가 배출되었는지 측정한 결과다. 탄소 발자국이 클수록 탄소를 많이 배출했다는 뜻이다. 지속 가능한 제품을 고르려면 그 제품을 사용함으로써 나의 탄소 발자국이 얼마나 커지는지 계산해 보면 된다. 탄소 발자국을 헤아리면 지속 가능한 해결책을 디자인할 수 있다.

1> 탄소 발자국 질문에 답해보자. 탄소 발자국의 크기를 알아내려면, 에너지 사용, 교통, 일상 습관, 재활용 이렇게 크게 4가지 항목을 살펴보면 된다. 아래의 질문을 읽고 자신에게 해당하는 경우에 동그라미로 표시하자. 항목마다 색깔이 다른 동그라미를 그려, 자신의 탄소 발자국의 크기를 알아보자.

❶ 가정에서 사용하는 에너지

어떤 형태의 집에서 사는가?	단독 주택(4개)	아파트, 공동 주택(2개)
에너지 효율 등급이 높은 전구를 사용하는가?	그렇다(0개)	아니다(1개)
집에 온도계가 있는가?	그렇다(0개)	아니다(1개)
에너지 효율 등급이 높은 가전제품을 사용하는가?	그렇다(0개)	아니다(1개)

❷ 교통

자동차가 있는가?	경차(1개)	중형, 대형차(2개)
자동차의 공기 필터를 주기적으로 교체하는가? 타이어 공기압을 주기적으로 점검하는가?	그렇다(0개)	아니다(1개)
비행기를 탄 적이 있는가?	그렇다(1개)	아니다(0개)

❸ 일상 습관

채식주의자인가?	그렇다(1개)	아니다(2개)
유기농 음식을 먹는가?	그렇다(0개)	아니다(1개)
양치질하거나 설거지하는 동안 물을 틀어 놓는가?	그렇다(1개)	아니다(0개)
화단에 물을 여러 번 주는가?	그렇다(1개)	아니다(0개)

❹ 재활용

쓰레기를 재활용하는가?	그렇다(1개)	아니다(2개)
음식물 쓰레기를 퇴비로 사용하는가?	그렇다(0개)	아니다(1개)

* 합산 점수가 높을수록 탄소 발자국이 큰 것이다.

2> 동그라미를 세어 보고 나의 탄소 발자국이 얼마나 큰지 알아보자.

* 어떤 항목에서 가장 많은 동그라미를 그렸는가?

* 탄소 발자국을 줄이기 위해 어떤 노력을 할 수 있을까?

* 디자인은 어떻게 탄소 발자국을 줄일 수 있을까?

이것도 해 보자!

이산화탄소와 같은 온실가스는 지구 대기권 밖으로 빠져나가려는 열을 붙잡아 지구 온도를 높인다. 지구 온도가 높아질수록, 지구 환경에 여러 변화가 일어나 지구에 사는 생명체에 막대한 영향을 끼친다. 탄소를 계속 발생시키는 행동이나 제품을 계속 사용해도 괜찮은 걸까?

환경친화적인 캔 홀더 디자인하기

플라스틱을 부주의하게 버리면 야생 동물이 이를 먹고 생명이 위험해질 수 있다. 게다가 플라스틱은 분해되는 데 수백 년이 걸리고, 환경에 좋지 않은 물질을 방출하기도 한다. 이러한 문제를 해결하기 위해 환경친화적인 캔 홀더를 디자인할 수는 없을까?

1> 동물에게 안전하며고, 환경친화적이며, 사용하기 편리한 캔 홀더를 디자인해 보자. 디자인에 필요한 재료를 모아보자.

* 캔 6개
* 가위
* 접착테이프
* 끈
* 종이
* 고무줄
* 골판지
* 페인트 휘젓는 도구
* 파라핀 종이

2> 아이디어 브레인스토밍하기. 아래의 질문에 답하며 브레인스토밍하자.

* 현재 어떤 종류의 캔 홀더가 있는가?
* 캔 홀더를 어떻게 운반할 것인가?
* 캔을 한데 묶으려면 어떻게 해야 할까?
* 홀더에서 어떻게 캔을 꺼낼 것인가?

3> 아이디어를 스케치하자. 스케치에 맞춰 추가로 필요한 재료가 있는지 살펴보라.

4> 캔 홀더 **프로토타입**을 만들어 보자. 프로토타입을 완성하면, 테스트하라. 캔 홀더는 캔을 잘 담는가? 구부러지거나 휘어지지 않는가? 더 튼튼하게 만들 방법은 없는가? 어느 부분이 약한가? 왜 이 캔 홀더가 환경에 더 좋은가?

이것도 해 보자!

새로 디자인한 캔 홀더는 어떻게 처리해야 하는가? 재활용할 수 있을까? 재활용할 수 없다면, 재활용이 가능한 재료를 이용하여 다시 디자인해 보자!

기존 제품 개선하기

산업디자이너들은 기존 제품의 문제를 찾아내 개선할 방법을 찾곤 한다. 기존 제품의 재료를 바꾸거나 포장을 변경하여 환경친화적인 제품을 만들기도 한다.

> 1> 기존 제품 가운데 환경친화적으로 디자인할 제품을 골라보자. 디자인 과정을 통해 해결책을 찾아보라.
>
> 2> 디자인 해결책을 친구들에게 발표해 보자.

촛불이여 영원하라!

양초의 디자인을 바꾸려는 사람은 거의 없을 것이다. 사실 양초는 수백 년 동안 디자인이 거의 바뀌지 않았다. 하지만 촛대 디자인이라면 어떨까? 디자이너 벤저민 샤인은 흘러내리는 촛농을 모아 다시 양초를 만드는 촛대를 디자인했다. 하나의 가격으로 두 개의 양초를 얻은 셈이다!

이것도 해 보자!

환경을 위해 수정한 부분들이 제품의 다른 부분에 영향을 미치는가? 그 영향은 긍정적인가 부정적인가? 설명해 보자.

자료 출처

책

Arato, Rona. Design It! The Ordinary Things We Use Every Day and the Not–So–Ordinary Ways They Came to Be. Tundra Books, 2010.
로나 아라토. 디자인하라! 우리가 매일 사용하는 평범한 것들과 그것들이 겪어온 평범하지 않은 방법. 툰드라북스. 2010

Fiell, Charlotte and Peter. The Story of Design from the Paleolithic to the Present. The Monacelli Press, 2016.
샬럿 필, 피터 필. 디자인스토리(구석기시대부터 현재까지) 모나셀리프레스(모나셀리출판). 2016

Fiell, Charlotte and Peter. Industrial Design: A–Z. Taschen, 2016.
샬럿 필, 피터 필. 산업디자인:A–Z. 타스첸. 2016

Lees–Maffei, Grace. Iconic Designs: 50 Stories about 50 Things. Bloomsbury, 2014.
그레이스 리스 마페이. 아이코닉 디자인: 50가지에 관한 50개의 이야기. 블룸즈버리. 2014

Welsbacher, Anne. Earth–Friendly Design. Lerner, 2009.
앤 웰시배커. 친환경 디자인. 레너. 2009

박물관, 미술관

Cooper Hewitt, Smithsonian Design Museum: cooperhewitt.org
쿠퍼 휴잇 스미스소니언 디자인 박물관

Design Exchange: dx.org
디자인 익스체인지

The Design Museum: designmuseum.org
디자인 박물관

Madsonian Museum of Industrial Design: madsonian.org
매드소니언 산업디자인 박물관

Museum of Craft and Design: sfmcd.org
공예 디자인 박물관(MCD)

Museum of Design Atlanta: museumofdesign. org
애틀랜타 디자인 박물관(MODA)

Museum of Modern Art: moma.org
현대 미술관(MoMA)

Victoria & Albert Museum: am.ac.uk
빅토리아 앨버트 박물관

Vitra Design Museum: design–museum.de/en/information.html
비트라 디자인 미술관

웹사이트

산업디자인 잡지: core77.com, yankodesign.com
에너지 절약 제품 사용을 장려하는 미국 정부의 국제 프로그램[Energy star]: energystar.gov
미국전기전자협회[IEEE]: computer.org
산업디자인의 역사: industrialdesignhistory.com
미국산업디자이너협회: dsa.org

QR 코드 웹사이트

QR 코드 웹사이트는 본문에 소개된 QR 코드의 원 웹페이지 주소입니다. 타임북스 포스트에 오시면 '앞서 나가는 10대를 위한 과학' 시리즈의 보다 다양한 내용을 확인하실 수 있습니다.

▶ **44쪽** youtube.com/watch?v=rF_ozSbv−EI

▶ **44쪽** coroflot.com/projects

▶ **47쪽** youtube.com/watch?v=BDRjqIPUYNI

▶ **63쪽** youtube.com/watch?v=IIEb4HcgZ4s

▶ **65쪽** https://www.complex.com/style/2013/02/the−50−most−iconic−designs−of−everyday−objects/

▶ **70쪽** http://www.slate.com/articles/arts/architecture/2011/10/nice−phone−nice−radio−nice−car.html

▶ **70쪽** https://www.ranker.com/list/notable−industrial−designer_s)/reference

▶ **70쪽** http://industrialdesignhistory.com/timelinebiographies

▶ **77쪽** youtube.com/watch?v=Ze0Az9tdkHg

▶ **81쪽** pong−2.com

▶ **84쪽** youtube.com/watch?v=r9PuSrn_H1c

▶ **87쪽** livescience.com/20718−computer−history.html

▶ **87쪽** computerhistory.org/timeline/computers

▶ **88쪽** dreamstime.com/stock−illustration−set−electronic−circuit−symbols−collection−vector−blueprint−led−resistor−switch−capacitor−transformer−wire−image77183273

▶ **88쪽** https://startingelectronics.org/beginners/read−circuit−diagram/

▶ 93쪽　youtube.com/watch?v=x1rxXm6sG9Y

▶ 96쪽　scan2cad.com/cad/14-top-free-cad-packages

▶ 101쪽　youtube.com/watch?v=FZhwtETwQzs

▶ 101쪽　https://www.tinkercad.com/

▶ 107쪽　http://un-documents.net/ocf-02.htm

▶ 109쪽　youtube.com/watch?v=UAxqf5ZAssw

▶ 112쪽　https://www.youtube.com/watch?v=--OGJdFF_pE

타임북스 포스트

https://post.naver.com/timebookskr

찾아보기

탐구 활동 모아보기

이 도서의 국립중앙도서관 출판예정도서목록(CIP)은 서지정보유통지원시스템 홈페이지(http://seoji.nl.go.kr)와 국가자료종합목록시스템(http://www.nl.go.kr/kolisnet)에서 이용하실 수 있습니다.
(CIP제어번호 : CIP2020037664)

앞서 나가는 10대를 위한
산업디자인

초판 1쇄 발행 2020년 11월 02일

지 은 이 카를라 무니
그 린 이 톰 카스테일
옮 긴 이 이다윤
발 행 처 타임북스
발 행 인 이길호
편 집 인 김경문
편   집 최아라 · 황윤하
마 케 팅 양지우
디 자 인 박기은(앤미디어)
제   작 김진식 · 김진현 · 이난영
재   무 강상원 · 이남구 · 진제성
물   류 안상웅 · 이수인

타임북스는 (주)타임교육C&P의 단행본 출판 브랜드입니다.
출판등록 제2020-000187호
주   소 서울시 강남구 봉은사로 442 (75th Avenue 빌딩) 7층
전   화 1588-6066
팩   스 02-395-0251
이 메 일 timebookskr@naver.com

ⓒ Carla Mooney, 2020
ISBN 979-11-971201-5-2 (43500)
CIP 2020037664